"十四五"时期国家重点出版物出版专项规划项目

先进制造理论研究与工程技术系列

液黏离合器摩擦副热弹性不稳定性

乔一军　著

哈尔滨工业大学出版社

内 容 简 介

本书系统地介绍了液黏离合器摩擦副的热弹性不稳定性。全书共 7 章，内容主要包括绪论、摩擦副热弹性不稳定性理论模型、摩擦副表面扰动场动态分布特性研究、液黏离合器变速滑摩瞬态热弹性不稳定性研究、液黏离合器摩擦副磨损对热弹性不稳定性的影响、液黏离合器摩擦副热弹性不稳定性试验、结论与展望。本书是作者对该领域多年科研工作的分析与总结，其内容覆盖了液黏离合器摩擦副瞬态热弹性不稳定性领域的多个知识专题及其发展方向。

本书适合高等院校相关专业的研究生和高年级本科生阅读，也可供从事离合器热失效、热弹性不稳定性理论研究的科技工作者和工程技术人员参考和使用。

图书在版编目（CIP）数据

液黏离合器摩擦副热弹性不稳定性 / 乔一军著.

哈尔滨：哈尔滨工业大学出版社，2024.8. —（先进制造理论研究与工程技术系列）. —ISBN 978-7-5767

-1565-1

Ⅰ. TH132.2

中国国家版本馆 CIP 数据核字第 20243Q2G33 号

策划编辑　王桂芝

责任编辑　林均豫　　韩旖桐

出版发行　哈尔滨工业大学出版社

社　　址　哈尔滨市南岗区复华四道街 10 号　邮编 150006

传　　真　0451-86414749

网　　址　http://hitpress.hit.edu.cn

印　　刷　哈尔滨博奇印刷有限公司

开　　本　720 mm×1 000 mm　1/16　印张 12.25　字数 189 千字

版　　次　2024 年 8 月第 1 版　2024 年 8 月第 1 次印刷

书　　号　ISBN 978-7-5767-1565-1

定　　价　86.00 元

前　言

液黏离合器被广泛应用于矿用重型刮板输送机、皮带输送机的软启动，车辆的液力变矩器和锁止离合器等。摩擦副是液黏离合器的核心部件，经常会因为局部高温问题而导致热失效，直接影响液黏离合器的工作性能、可靠性及使用寿命。热弹性不稳定性理论考虑了周向非均匀温度场、热流密度、热弹性应力等物理量的相互耦合作用，是研究局部高温问题的重要手段。因此，有必要对液黏离合器摩擦副的热弹性不稳定性进行深入研究，从而为提高液黏离合器摩擦副的可靠性和使用寿命奠定理论基础。

本书系统地介绍了液黏离合器摩擦副的热弹性不稳定性，是作者对该领域多年科研工作的分析与总结，其内容覆盖了液黏离合器摩擦副瞬态热弹性不稳定性领域的多个知识专题及发展方向，力求让读者全面理解液黏离合器摩擦副的热弹性不稳定性问题，并为相关领域的科技工作者和工程技术人员提供参考。

全书共 7 章，第 1 章为绪论。全面介绍了本书的选题背景、研究目的及意义，分析了液黏离合器摩擦副热失效及热弹性不稳定性的国内外研究现状、存在的不足，以及主要研究内容等。

第 2 章为摩擦副热弹性不稳定性理论模型。针对液黏离合器摩擦副，建立了考虑多层材料摩擦片厚度的热弹性不稳定性二维理论模型，得到了摩擦片和对偶钢片分别为对称或反对称模态下的热弹性不稳定性系统矩阵，研究了 4 种变形模态下的临界速度变化规律，确定了以摩擦片对称-对偶钢片反对称为系统的热弹性不稳定性主模态。

第 3 章为摩擦副表面扰动场动态分布特性研究。基于热弹性不稳定性二维理论模型，提出了利用系统矩阵确定扰动增长系数与相对滑摩速度定量关系的方法，确定了主模态下不同半径处的临界线速度及扰动增长系数，得到了摩擦副接触表面扰动压力场及扰动温度场的动态分布规律，发现了滑摩时间和初始压力扰动幅值等因素对扰动场的影响规律，为液黏离合器变速滑摩过程瞬态热弹性不稳定性研究提供了先决条件。

第 4 章为液黏离合器变速滑摩瞬态热弹性不稳定性研究。以液黏离合器变速滑摩过程为研究对象，基于平均流量模型及粗糙接触模型得出了摩擦副的平均接触压力，利用扰动增长系数与相对滑摩速度的关系得到了变速滑摩过程中的扰动增长系数，获得了扰动压力及热点总压力；建立了摩擦副三维瞬态热传导模型，发现了摩擦副的径向非均匀温度场分布情况，结合摩擦副热弹性不稳定性导致的周向温度场扰动，得到了液黏离合器变速滑摩过程中摩擦副的热点温度。

第 5 章为液黏离合器摩擦副磨损对热弹性不稳定性的影响。为了研究磨损规律对热弹性不稳定性的影响，在热弹性不稳定性理论模型基础上引入磨损定律，建立了磨损对热弹性不稳定性影响的有限元模型。利用双材料半平面解析方法验证了有限元法所得数值解的有效性，发现了摩擦副磨损率和厚度对热弹性不稳定性的综合影响规律。

第 6 章为液黏离合器摩擦副热弹性不稳定性试验。根据摩擦副热弹性不稳定性试验的需求，搭建了液黏离合器摩擦副热弹性不稳定性试验台，测量了滑摩过程中摩擦副温度的动态变化，发现了摩擦副相对转速、接触压力和润滑油流量对扰动温度场的影响规律。理论结果与试验结果具有较好的吻合性，验证了理论方法的有效性，表明可利用所提出的方法对摩擦副的热弹性不稳定性进行较为准确的预测。

第 7 章为结论与展望。总结了全书主要的研究结果、研究结论及创新点，并从理论模型改进、试验方案优化的角度提出了未来的工作展望。

在液黏离合器摩擦副热弹性不稳定性研究过程中，特别感谢太原理工大学廉自生教授、王铁教授、王学文教授、崔红伟副教授给予的指导和支持，感谢美国丹佛大学的 Yi 教授给予的指导和建议，感谢太原理工大学李隆老师、太原科技大学王其良老师给予的帮助和建议，感谢太原理工大学、中北大学和美国丹佛大学给予的支持。

本书的研究和撰写得到了国家自然科学基金项目（51805351）"液黏离合器摩擦热弹性不稳定性及其热失效机理研究"，山西省基础研究计划（自由探索类）青年项目（202303021222086）"重型车辆自动变速器高能量密度摩擦副滑摩界面热弹不稳定特性研究"，以及山西省高等学校科技创新项目（2023L171）"重型车辆自动变速器摩擦副滑摩界面热弹不稳定特性研究"的资助，在此表示衷心的感谢。

本书在撰写过程中参考了许多国内外相关文献，在此向参考文献的作者表达最诚挚的谢意。

非常希望能通过作者对液黏离合器摩擦副热弹性不稳定性方面内容的分析与总结，给读者呈献一本既有前沿理论又重视工程实践的好书，但由于作者水平有限，书中难免存在一些不足之处，敬请各位读者批评指正。

作　者

2024 年 6 月

目　　录

第 1 章 绪　　论

1.1　概　　述

1.1.1　研究的背景

　　人类社会经济的发展繁荣与能源密切相关，能源缺乏问题对我国的工业和制造业等领域造成了重要的影响，因此能源对于国民经济的发展至关重要。煤炭资源因分布广泛、成本低及储量丰富等优点，在传统能源消费结构中，其仍是我国最主要的常规能源。随着我国国民经济的迅速发展，船舶、冶金、化工等各行各业对能源的需求也日益增加，煤炭仍占据着一次能源消耗的最大比例。我国在大力发展经济的同时，倡导节能降耗，绿色安全的主题。随着高产高效集约化矿井的迅速发展，井下重型刮板输送机对高强度、大功率、高运载量、长运距与高可靠性等发展方向提出了更高的要求。传统重型刮板输送机的直接启动带来的启动难、多机驱动功率不平衡和机械冲击大等问题日益突出。

　　目前多种软启动方式在刮板输送机上得到了广泛的应用，主要有可控启动装置、变频驱动装置及液力偶合器等。可控启动装置是由多个系统协调配合，共同工作的传动装置。相较于液力偶合器和变频驱动装置，可控启动装置集中了调速、离合和减速 3 种功能，具有明显的优势，通过带有伺服阀的闭环控制系统，实现了过载保护、多机驱动功率平衡、带载启动、优化驱动输出和无级调速等功能。因此，可控启动装置是解决重型刮板输送机启动问题的理想装置。

　　可控启动装置的核心部件是液黏离合器，其结构简图如图 1.1 所示。由于其具有启动平稳、稳定性好及传动效率高等优点，应用于重型刮板输送机可以有效减少断链等事故的发生，保证了工作人员的安全，提高了机器的效率和可靠性，节省了机器的维护成本和初期投资。因此，在动力机械传动领域，液黏离合器的应用相当广泛，能够极大地提升机器的工作效率。对液黏离合器进行深入研究，有利于我国煤炭工业和综采技术的发展。

机械零件设计中，系统性能受摩擦的制约十分严重。从不利方面来讲，摩擦会造成机械零件的磨损并且系统需要克服摩擦力做多余的功，这会使系统的可靠性和使用寿命降低；从有利方面来讲，设计传动系统时，就是通过摩擦来优化系统的性能，以摩擦元件作为传动系统的核心部件，用来完成系统的动力传递。然而，在摩擦元件工作时，存在着从系统机械能到摩擦元件内能的能量转换，受到热膨胀的影响，摩擦元件在高温时体积会有一定的增加，因此摩擦元件所受压力也进一步加大。长期在高温高压的环境下工作会严重降低摩擦元件的使用性能，从而影响传动系统的传动效率，严重时可能造成系统损坏。正是由于摩擦元件在传动系统中的关键作用，研究摩擦元件的优化设计方法对于传动系统效率和稳定性的提高具有十分重要的意义。

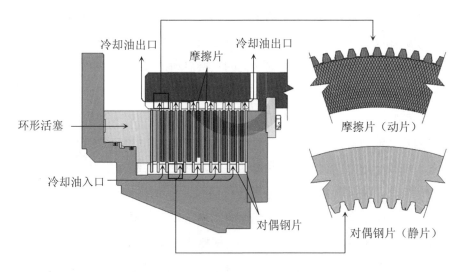

图 1.1 液黏离合器结构简图

　　液黏离合器的核心部件之一是摩擦副，其布置方式一般是多对摩擦副的对偶钢片和摩擦片交叉排列，以增加系统的传动功率。液黏离合器的无级调速主要是通过调整摩擦片与对偶钢片之间的油膜厚度来实现的。工作过程中，摩擦片与对偶钢片之间的相互滑摩会有大量的摩擦热产生，这会严重影响摩擦副的性能。同时，重型刮板输送机不仅启动缓慢，摩擦副相对滑摩时间较久，而且还会经历较大的机械冲击。高功率、长时间的相对滑摩决定了摩擦副在工作过程中有大量的摩擦热损耗，高能量密度输入下的瞬态热积聚导致摩擦片摩擦材料的剥落和烧蚀，以及对偶钢片发生显著的不可恢复的热点和屈曲变形等问题。液黏离合器会出现快速温升、转矩突变、转速波动、振动和尖啸等现象，导致工作性能异常甚至损坏，这对于传动系统的传动效率、稳定性和使用寿命造成了极大的负面影响。大多数液黏离合器的使用寿命都是由摩擦副的损坏造成的，这会使摩擦副温度场和压力场的不均匀分布进一步加剧，影响摩擦副的正常工作，造成传动性能的下降，图 1.2 为煤矿综采装备中 855 kW 重型刮板输送机可控启动装置液黏离合器摩擦副在井下实际使用后出现的热失效形式。

（a）摩擦材料的烧蚀和剥落

图 1.2　摩擦副的热失效形式

（b）对偶钢片的热点和变形

续图 1.2

　　摩擦副的热弹性不稳定性（thermoelastic instability，TEI）及热失效问题一直是离合器优化问题的重点，国内外学者就此展开了许多研究，比如对接合油压控制方法进行优化，使摩擦副间的滑摩功率降低，或者对摩擦副的温度进行调控使其在极限值以下稳定工作，但主要是针对湿式离合器或制动器进行研究。基于牛顿内摩擦定律的液黏离合器的工作原理与湿式离合器有本质的不同，因此即使它们结构相似，仍然有必要针对液黏离合器摩擦副半径大、滑摩时间长的特点，对工作过程中的热弹性不稳定性问题开展相关的研究，掌握热弹性不稳定性临界速度的变化规律及摩擦副参数对临界速度的影响，从而对液黏离合器的传动效率和稳定性进行更合理的优化。

1.1.2　研究目的及意义

　　目前，刮板输送机的功率越来越大，这对液黏离合器的性能提出了更高的要求，提高液黏离合器的使用期限和稳定性需要突破的核心技术是如何降低因摩擦副热变形引起的热失效。摩擦副长时间在高温高压的环境下工作，是液黏离合器的易损件之一，摩擦副的损坏会使传动系统的工作性能明显降低。但是，能量密度高、摩擦性能好及热稳定性高的摩擦副价格昂贵，对摩擦副进行优化以提高传动系统的可靠性和稳定性，是目前工程领域亟待解决的问题。准确建立滑摩过程摩擦副热弹性不稳定性模型，揭示摩擦副热弹性不稳定性影响因素，提高摩擦副的传动性能，改善非均匀的温度场分布，增大液黏离合器的传动效率，是目前国内外学者研究的重点。

由于刮板输送机启动缓慢，摩擦副会一直处于相对速度越来越低的工作状态，直到油膜厚度为零。摩擦副初始压力分布的不均匀性及散热条件的不同造成了摩擦副温度场的不均匀分布，由此产生的局部高温高压现象会使摩擦副表面出现热点，当相对滑摩速度超过临界值时，便会出现热弹性不稳定性现象，造成摩擦元件的热失效。因此，研究非均匀温度场和非均匀压力场的分布，分析滑摩速度动态变化条件下摩擦副的热弹性不稳定性问题十分必要。

热弹性不稳定性理论是国内外学者解释摩擦元件局部高温区现象成因的一种理论，热弹性不稳定性状态会导致系统出现局部高温问题。1969 年 Barber 首先提出热弹性不稳定性理论，之后许多学者对其进行了理论研究、仿真分析和试验证明，完善了热弹性不稳定性的理论体系。摩擦副和其他关键部件在制造过程中会不可避免地存在制造误差，刚开始工作时摩擦片和对偶钢片之间存在不均匀分布的接触压力。经过长时间滑摩后，摩擦副的温度场出现非均匀分布，受热膨胀的影响，进一步加剧了摩擦片和对偶钢片之间接触压力的不均匀性。当摩擦副的相对滑摩速度超过某个临界值时，会使传动系统进入热弹性不稳定性状态，此时摩擦副表面温度急剧升高，非均匀温度场进一步加剧，使摩擦副表面出现热点，造成热弹性不稳定性现象。热弹性不稳定性问题研究的是摩擦副处于不稳定的状态时的速度阈值，揭示非均匀温度场和非均匀压力场等物理场的分布规律及随时间的变化情况。摩擦副的热弹性不稳定性是摩擦副表面出现局部高温高压区的主要原因，摩擦副的结构参数和材料参数对摩擦系统的热弹性不稳定性有重要的影响。

为了提高了液黏离合器滑摩过程的稳定性，本书对摩擦副进入热弹性不稳定性状态的临界速度进行了分析，同时对摩擦副扰动场动态分布进行了研究，揭示了摩擦副热点的形成规律，进一步完善了摩擦副的热失效理论。摩擦副作为影响液黏离合器性能的核心部件，为其优化设计提供了相关的理论基础和试验证明，对液黏离合器的发展应用做出了重要贡献。

1.2　国内外研究现状

1.2.1　液黏离合器摩擦副热失效研究现状

当前，在配备离合器的传动系统中，摩擦副的热失效是影响系统使用寿命的关键因素。研究发现，离合器摩擦副的薄板盘片结构极易发生热屈曲变形。初期的小变形为弹性变形，当热载荷、机械载荷作用消失后摩擦副能恢复到平面接触状态。但是，摩擦副一般在封闭的环境中工作，出现的小变形难以被及时地发现和抑制，更加恶化的工作条件下形成的局部高温高压和不均匀滑摩会进一步诱发更大的元件热变形，导致摩擦副热失效。

1. 液黏离合器摩擦副热屈曲研究现状

湿式片式摩擦副为薄板盘片结构，封闭空间内大量的热集聚容易引起较大的温度梯度和热变形，最终导致摩擦副热失效。因此，国内外学者对摩擦副的热屈曲变形机理和屈曲模态进行了大量研究。

Hong 等建立了理论分析模型，研究了摩擦副部分接触导致的热带和热变形特性。Han 等对湿式片式摩擦副热载荷作用下的热屈曲特性进行了有限元分析。Gkinis 等建立了离合器热网络模型，得到了结合过程的传热特性和热屈曲变形规律。Chen 等通过假设温度场对湿式离合器的热屈曲特性进行了数值模拟研究。Yu 等针对热屈曲变形时的非正常接触压力，得到了摩擦表面温度差异性分布特性。李明阳等研究了影响对偶钢片临界屈曲应力的因素，主要考虑了径向温差和厚度等参数。熊涔博等采用理论和试验方法，对摩擦元件之间的热变形、非均匀温度场和热流分配等规律进行了研究。赵二辉等发现导致离合器损坏的一个重要原因是摩擦元件的性能受热翘曲造成的非均匀接触影响显著。李和言等研究了离合器屈曲变形后花键齿数对应的周向间歇接触引起的温度场变化规律。王其良建立了液黏离合器软启动过程温度场有限元模型，得到了摩擦副发生热屈曲的临界条件和屈曲模态。

Bagheri 等研究了各向同性均质圆环板在等温和等角速度作用下的非轴对称屈曲行为。Gong 等对两种典型热载荷下的干式离合器压盘热屈曲特性进行了分析。李明阳等考虑厚度、径向温差的影响，计算了径向热应力作用下的对偶钢片临界屈曲应力。Yu 等建立了摩擦副热动力学模型和机械屈曲模型，分析了摩擦转矩的产生和变化机制，研究了对偶钢片屈曲变形机制及变形后对摩擦特性的影响规律。Chen 等对摩擦副的热后屈曲进行了线性和非线性分析，研究了与温度有关的材料性能的影响。

2. 热流固耦合特性研究现状

魏宸官等编写的《液体黏性传动技术》阐明了液黏离合器工作依据的基本原理和设计方法。陈宁研究了摩擦副热失效现象的产生机理，为提高摩擦副的抗热变形能力的优化设计提供了理论依据。廖玲玲引入了黏温关系函数和剪切稀化的非牛顿流体模型，揭示了液黏离合器润滑油黏度和转矩传递的变化规律。孟庆睿深入研究了液黏离合器调速启动机理，利用有限元模型分析了软启动过程中油膜厚度变化、油膜压力场和温度场等对油膜承载力和扭矩传递的影响规律。谢方伟利用有限元法分析了瞬态热力耦合场理论模型，揭示了对偶钢片应力场和温度场的分布规律。黄家海研究了摩擦片和对偶钢片间距、输入输出转速和润滑油流量对摩擦副间隙内流体传热的影响。崔红伟采用理论分析和试验验证研究了液黏调速离合器双圆弧油槽摩擦副在调速过程中的摩擦特性和转矩传递特性，为液黏离合器调速性能的提高和摩擦副的优化设计提供了理论基础。廖湘平等建立了液黏离合器的 AMESim 模型，探明了液黏离合器动态接合特性受飞轮转动惯量、油膜厚度控制曲线的影响规律，得到了冲击度、转速和扭矩的变化曲线。

在混合摩擦阶段，针对表面粗糙度对流体特性的影响及微凸峰接触问题，Patir 和 Cheng 基于压力和剪切流系数定义平均雷诺方程并提出了研究三维粗糙度的方法，揭示了表面粗糙度对部分润滑接触的影响。Greenwood 和 Tripp 扩展了球体之间弹性接触的赫兹理论，对经典赫兹理论进行了完善。Kogut 和 Etsion 建立了基于弹塑性单微凸体接触精确有限元分析的弹塑性接触模型，研究发现接触压力对接合仿真的影响十分显著。葛世荣等阐述了一种粗糙表面分形维数均方根计算方法，该方法计算精度高、物理意义明确，有良好的使用价值。洪跃研究了液黏离合器的输出特性与工作机理，利用幂律型非牛顿流体、平均流量及两粗糙平面接触模型建立了液黏离合器摩擦副的工作机理模型。

液黏离合器的热流固耦合特性会显著影响其传递转矩性能。Iqbal 等研究了离合器的振动和动力学行为，证实了抖动振动的振幅与施加的接触压力波动的振幅无关。Marklund 等建立了一个考虑温度、速度和名义压力的摩擦模型，预测了扭矩和温度，与试验数据取得了良好的一致性。Berger 等搭建了一个量化湿式离合器扭矩传输特性试验台，验证了计算模型作为湿式离合器设计和分析的精确工具的有效性。Wu 研究了包括旋转有限圆盘和静止有限圆盘的开槽双盘系统的流场，揭示了沟槽数目与阻力矩和最大轴向力之间的关系。马立刚等通过建立带排转矩的数学模型证明了带排转矩受摩擦片间隙的影响很大，并通过试验验证了数学模型的有效性。国外学者对液黏离合器工作时转矩特性变化的研究较少。Zhou 等对液黏离合器传动过程中油膜形成所需流量进行了理论分析，并且给出了确定油膜数目和润滑油流量的具体方法。Larsson 采用均匀化技术来平均粗糙的影响，建立了适用于任何工况下的润滑模型。Cui 等建立了加入惯性项影响的液黏离合器软启动时动态传动性能的理论模型，揭示了流体惯性项对液黏传动动态传输特性的影响规律。

研究液黏离合器滑摩过程中的压力分布，可提高摩擦副的传动性能，实现节能降耗，改善传动系统的可靠性。闫清东等对影响摩擦片初始压力分布的影响因素进行了探究，揭示了摩擦片半径和厚度等对初始压力分布的影响规律。张志刚对工作在混合摩擦阶段湿式离合器的接合特性进行了分析，考虑了油槽形状、动静摩擦因数、当量弹性模量、接合压力等对接合特性的影响规律。马彪等改进了平均流量模型，在原有模型的基础上考虑了润滑油及摩擦元件性能的影响，并且通过修正雷诺方程对摩擦副分离间隙内油膜厚度及压力的变化规律进行了计算。祁媛对制动器组件压力传递特性的影响因素进行了研究，通过理论研究和试验证明揭示了摩擦副在各个载荷下体现出的压力分布规律。

除了热作用之外，接触面间的力作用关系也会影响摩擦元件的热弹性耦合过程。Panier 的研究表明，制动盘某些区域受到压力时，制动片后方区域会由于法向压力的影响而产生局部的波浪形褶皱，这会导致热斑的出现。Soom 建立了两自由度的机械系统接触振动分析模型，揭示了摩擦元件所受切向力与法向力的作用关系。摩擦元件的工作特性会受到这些热弹性耦合过程的影响。如 Davis 讨论了湿式离合器接合过程中受到流体热效应影响时的情况。

摩擦副摩擦衬面上会加工不同形式和数目的油槽，使摩擦副形成液体摩擦和混合摩擦，同时起到润滑、冷却和排出磨屑的作用。摩擦副间隙内流体的转矩特性和流场特性受油槽的形式、数目和宽窄等因素的影响较大。因此，研究带摩擦衬面加工油槽的摩擦副有重要的实际意义。Aphale 研究了摩擦衬面油槽数目、深度及摩擦副分离间隙对摩擦副传递扭矩的影响，理论预测和试验验证结果取得了良好的一致性。Razzaque 等推导了考虑渗透率和油槽效应的挤压模方程，研究了摩擦材料厚度、油槽形式和方向及外加载荷对油膜黏性能损失的影响。Jang 等研究了摩擦衬面油槽面积、油槽形式和数目等几何参数对湿式离合器接合特性的影响规律。Xie 等建立了油膜传递的液力承载能力和扭矩的数学模型，探明了油槽区的油槽数目和油膜厚度对流量、扭矩和承载能力的影响规律。Li 等研究分析了不同摩擦材料、不同油槽形式及内部结构对摩擦片耐用性的影响。袁跃兰等仿真计算了不同几何参数的油槽的承载能力的大小，研究了油槽面积、油槽数目和油槽深度对油槽承载力的影响。崔红伟等研究了油槽结构参数对油膜剪切转矩的影响，建立了集合多种方法的油槽参数对油膜剪切转矩影响的分析平台。

1.2.2　摩擦副热弹性不稳定性研究现状

国内外学者对摩擦副非均匀分布的应力场、温度场进行了研究，发现热弹性不稳定性状态的产生与摩擦副的某个临界速度有关，超过这个临界速度时系统就会发生热弹性不稳定性，经过长时间的相对滑摩，摩擦衬面就会出现热点现象。摩擦副热弹性不稳定性问题的研究主要是对产生热弹性不稳定性状态的阈值转速进行求解、对处于热弹性不稳定性状态的摩擦副非均匀温度场分布进行研究，寻找热弹性不稳定性状态的热点分布规律，探明液黏离合器摩擦副各参数对热弹性不稳定性的影响。目前，研究热弹性不稳定性状态的方法主要有解析法、有限元法和试验研究。

1. 热弹性不稳定性解析法研究现状

解析法是研究摩擦元件热弹性不稳定性的基础，经过合理的简化与适当的假设，可以明确推导出物理意义清晰的临界速度公式。最早对热弹性不稳定性问题进行理论研究的国外学者是 Barber，他指出发生相对滑摩的两个平面，由于非均匀分布的接触压力导致了非均匀分布的温度场。受到热膨胀的影响，进一步加剧了压力场和温度场分布的不均匀性，长时间滑摩后会产生热弹性不稳定性现象，形成热点。Dow 用扰动法研究了薄板在导热半无限体上滑动接触的热弹性不稳定性，指出热弹性不稳定性状态发生在两物体的相对滑摩速度超过临界速度时，扰动会迅速增长，出现非均匀分布的高温高压区。Burton 采用扰动法分别研究了摩擦元件为热导体和热绝缘体，以及摩擦元件是两个导热性相似的热导体的情况，指出两个热导体组成的摩擦系统更容易进入热弹性不稳定性状态。热导体和热绝缘体组成的摩擦系统在摩擦系数较大时才会进入热弹性不稳定性状态。Burton 等研究了初始时刻摩擦表面曲率对热弹性问题的影响，非均匀的油封会使其边界处在初始时刻出现周期性的赫兹接触，这会使初始接触压力分布不均，从而出现非均匀压力分布。

目前，国内外热弹性不稳定性的研究大部分是对 Barber 与 Burton 所建立的模型进行改进。Lee 等研究了盘式制动系统中，制动盘厚度对系统热弹性不稳定性临界速度的影响，提出系统热弹性不稳定性的主模态是反对此模态。Lee 等研究了剪切力引起的法向位移对系统热弹性不稳定性临界速度的影响，指出剪切效应对临界速度的影响与摩擦材料的热性能有关，如果忽略剪切效应可能使计算出的临界速度偏大。Ayala 等研究了间歇接触对系统热弹性不稳定性临界速度的影响，研究发现系统稳定性在低 Fourier 数的情况下受平均摩擦热的影响显著，系统热弹性不稳定性临界速度与相对滑摩时间呈负相关；在较高的 Fourier 数的情况下，系统热弹性不稳定性临界速度与 Fourier 数依赖性较弱，临界速度比较低。Joachim-Ajao 等对两个材料参数类似的摩擦元件组成的滑动系统进行了研究，得出了计算系统热弹性不稳定性临界速度的简化公式。此外，Hartsock 和 Decuzzi 等改进了 Lee 考虑对偶材料厚度的热弹性不稳定性模型，将无限大厚度的摩擦材料改进成有限厚度，得到了更贴合实际的临界速度。Voldrich 修正了 Lee 考虑对偶材料厚度的热弹性不稳定性模型的临界速度公式，指出扰动会在高速滑摩状态下向着表层集中，从而对扰动的幅值造成影响。赵家昕通过理论建模方法，对系统发生热弹性不稳定性的临界速度和迁移速度进行了计算，并且通过建立系统矩阵的方式简化求解过程，提高计算效率。同时对影响临界速度的摩擦副材料参数和结构参数进行了研究。

热点问题和热弹性不稳定性问题也广泛存在于湿式摩擦元件中，Jang 等研究了湿式离合器摩擦副的边界润滑状态下的热弹性不稳定性问题，引入一个导热系数较低的粗糙表面，指出油膜厚度与摩擦片表面粗糙度对进入热弹性不稳定性状态的临界速度影响显著。Jang 等建立了考虑对偶钢片和摩擦材料厚度、摩擦材料的孔隙率、可变形的热弹性不稳定性综合模型，以及对称和反对称的分析模型，综合考虑了扰动状态、表面粗糙度、弹性模量这些影响热弹性不稳定性的主要因素。Davis 建立了摩擦副的热弹性动力不稳定性和热弹性不稳定性理论研究模型，分析了摩擦材料硬度分布与可引起振动和尖叫的动力不稳定性的关系。Zhao 等建立了流体润滑状态下良导体和热绝缘体组成的理想模型。研究表明，对偶钢片和扰动的相对速度较低，并且热弹性不稳定性临界速度与润滑油膜厚度的关系是非线性的。Zhao 在对称和反对称模态基础上，研究了材料参数对扰动增长临界速度的影响。

随着对摩擦副性能的要求越来越高，许多新型摩擦材料被应用于摩擦副。对新材料的热弹性不稳定性问题的理论研究也取得了一定的进展。Lee 等建立了研究 FGM（functionally graded materials）材料的热弹性不稳定性问题的理论模型，结果表明 FGM 材料比传统对偶钢片使用的材料的临界速度高，磨损率小。Papangelo 等在 Burton 的半平面模型基础上引入了磨损定律，得到了磨损对热弹性不稳定性影响的特征方程，以及磨损系数对临界速度的影响规律。

综上所述，扰动法被广泛用于研究干式摩擦系统的热弹性不稳定性问题。目前大多是对 Barber 和 Burton 的模型参数进行改进，同时对热弹性不稳定性的临界速度的影响因素进行多方面的考虑。扰动法是研究热弹性不稳定性问题的基本方法，在各种离合器、制动器及摩擦元件上都有着广泛的应用。

2. 热弹性不稳定性有限元法研究现状

使用解析法研究热弹性不稳定性问题虽然有推导过程明确、物理意义清晰等优点，但是由于建立理论模型的过程中需要对实际模型进行一定的简化和假设，无法完整地考虑摩擦元件的实际结构。同时，使用解析法推导临界速度公式的过程烦琐，也不利于计算机进行高效的计算，因此理论建模和解析法研究热弹性不稳定性问题时有一定的局限性。为了解决这些问题和局限性，引入了可以分析实际摩擦副模型和非均匀边界条件问题的有限元法。目前，有限元法被广泛用于各种科学研究和工程设计问题中，在热弹性不稳定性问题的分析中也有了一定的发展。

Yi 等研究了轴对称摩擦系统的热弹性不稳定性问题，计算得到了多片式离合器发生热弹性不稳定性现象时的指数扰动增长系数和临界速度的特征值解。Choi 等分析了盘式制动器的热弹性不稳定性接触问题，采用有限元法计算了滑动体摩擦表面的压力场分布和温度场分布。Yi 等采用傅里叶约减法研究了热弹性不稳定性与理想盘式制动器尺寸大小的关系，并且发现通过二维模型计算得到的热弹性不稳定性临界速度与实际值相差不大。Du 等通过有限元法建模，使求解热弹性不稳定性临界速度问题转化为求解系统矩阵特征值问题。

Zagrodzki 利用有限元空间离散的方法来求解摩擦系统的瞬态热弹性不稳定性问题，研究发现多数离合器实际的工作速度超过了临界速度。Kennedy 等、Azarkhin 等对瞬态热弹性赫兹接触问题进行了研究，采用格林公式、傅里叶变换等方法对该问题进行了求解。Barber 等对摩擦系统的瞬态热弹性接触问题进行了研究。Day 通过有限元法模拟了大型重载鼓式制动器的制动摩擦，对两种不同工况下摩擦衬面的压力分布情况、热变形及温度场等进行了预测，与本书试验结果一致。Yi 建立了热弹性动力不稳定性的有限元方程，研究表明黏滑或高频振动的产生往往伴随着尖叫的动力学不稳定性，而摩擦热与热变形耦合造成了不稳定系统的低频振动。Zagrodzki 用有限元法模拟了两个滑动层之间的瞬态二维热弹性接触问题，考虑到较高的 Pactlet 数，使用了 Petrov-Galerkin 算法进行单元离散。

Ahn 等采用瞬态有限元模型对摩擦系统中热弹塑性失稳的二维接触问题进行了分析，研究表明初始扰动大小对于临界速度以下的塑性变形没有影响，仅对第一次非均匀接触的时间间隔有影响。Hwang 等建立了通风盘式制动器总成的三维模型，研究了其在单次制动过程中的温度场和热应力，并且通过试验验证了模拟结果。

Zagrodzki 等对离合器瞬态热弹性接触问题进行了研究，研究表明离合器的大小要比热点大得多，因此平面应变模型更适用于热弹性不稳定性问题的求解。Cho 等通过传统有限元法与快速傅里叶变换的接合，分析了盘式制动器的瞬态热弹性问题和热弹性不稳定性问题。Song 等提出了一种新型盘式制动器，并且将 ANSYS 仿真分析设计结果与传统伽辽金有限元法得到的设计结果进行了比较。

湿式离合器热弹性不稳定性的有限元法研究最早是由 Zagrodzki 开展的。1985 年，Zagrodzki 建立了非稳态热传导模型，采用有限元法对摩擦片接合过程中的温度场和热应力场进行了计算。2005 年，Zagrodzki 等建立了多表面接触的热弹性不稳定性的有限元模型，指出变速离合器的活塞会触发系统的热弹性不稳定性。此外，Zagrodzki 等对离合器摩擦副短时间变速滑摩过程中热点产生机理进行了有限元研究和试验分析，建立了模拟多片湿式离合器摩擦副中瞬态热机耦合现象的模型，研究表明热机耦合受到摩擦材料弹性模量的影响显著。

Marklund 等提出了一种模拟湿式离合器在边界润滑条件下工作过程的方法，研究摩擦衬面的油槽形式和摩擦材料性能对湿式离合器工作性能的影响。Johansson 建立了考虑磨损定律和接触热流阻力的弹性体滑动接触模型，发现摩擦系统应力场和温度场会受到摩擦片磨损和润滑油液的影响。Zhao 等在理论研究的基础上，设计了台架试验并对等效摩擦系数进行了计算，利用该系数研究了润滑摩擦系统热弹性不稳定性现象。Mansouri 等研究了湿式离合器的系统惯性、所受载荷、接合时间等工作条件对其接合过程的影响。Sadeghi 等用有限元法分析了施加载荷、油槽宽度、摩擦材料渗透率对系统接合特性的影响。Mansouri 等用有限元模型模拟了湿式离合器的接合过程，并且将仿真结果与试验数据进行对比，取得了良好的一致性。Qiao 等将 Archard 磨损定律引入经典的傅里叶约减法，建立了考虑磨损影响的有限元法，并分析了材料磨损率和厚度对临界速度的综合影响。

综上所述，国内外学者在热弹性失稳临界速度的求解及摩擦副温度场非均匀分布等方面的研究比较深入，获得了某些特殊情况下的温度场分布和系统的热弹性不稳定性临界速度，探究了摩擦元件材料和结构参数对系统热弹性不稳定性的影响。应用有限元法研究湿式离合器热弹性不稳定性现象，推导出简单明确的临界速度有限元公式，利用 matlab 程序等方法求解临界速度，是如今热弹性不稳定性问题的主要研究方向。

3. 热弹性不稳定性试验研究现状

在理论模型和有限元模型中，不可避免地会对实际的模型进行一些合理的简化。因此，可能会因为忽略一些影响因素而产生较大误差，通过试验研究可以对理论研究和仿真结果的准确性进行检验。同时，理论研究和仿真结果可以通过分析试验数据及试验现象来进一步完善。为了对仿真结果进行验证，并完善相关的热弹性不稳定性理论，国内外学者也进行了大量的试验研究。

Barber 在制动系统的摩擦元件上安装温度传感器对其接触温度进行了测量，验证了摩擦表面不规则加热产生的温度梯度会导致接触区的局部热膨胀。Dow 通过试验对摩擦系统热弹性不稳定性的一维理论模型进行了对比研究，研究表明一维模型对于系统温度场及热点分布的预测与实际情况有一定的差异。Fec 等进行了热机械疲劳试验，探明了摩擦元件出现疲劳裂纹的原因及影响裂纹产生速度的因素。

Anderson 等依据热点产生的机理对摩擦元件中的热点进行了区分。摩擦元件的表面粗糙度会使接合部位温度瞬间升高，在摩擦副表面形成粗糙型热点。摩擦系统处于热弹性不稳定性状态时，摩擦元件表面会出现局部高温，从而产生焦点型热点，这种热点在重型运载机械中极易出现，可以在摩擦副表面被观察到。摩擦元件的热变形也会使摩擦副出现局部高温现象，在摩擦副表面形成可以观察的带状或者点状的畸变型热点。摩擦副的初始压力分布的不均匀性、摩擦元件热变形及摩擦副的导热系数低等因素会使摩擦副表面出现区域型热点。

依照热斑分类，摩擦元件上的热斑产生机理还有接触表面初始压力分布不均导致局部温度升高、摩擦元件产生宏观变形及摩擦过程中的振动等。相应于这些机理，有很多研究者在各方面进行了更多的研究，揭示了摩擦元件间更加丰富的热弹性耦合过程规律。比较典型的研究如下：Ingram 使用红外相机对摩擦系统滑摩过程中接触单元处的闪光温度进行了测定，同时探究了滑摩速度与温度的关系；Bulthe 分析了制动器摩擦元件间的耦合过程，获得了摩擦元件从产生热带、形成热斑和热斑移动等一系列过程，在进行摩擦元件成分分析后详细描述了热斑的产生过程和机理，结果表明一些热斑的产生机理和过程是相互统一的，是存在于同一个物理过程中的不同阶段。

Lee 等使用接触式测定的方法，采用嵌入式热电偶温度传感器测定了摩擦元件的温度场，当热弹性不稳定性现象发生时，摩擦元件接触表面的温度场分布会出现不均匀性，摩擦片内部的温度场及材料性能对局部高温区的产生有一定的影响。当摩擦材料温度发生变化时，系统的主扰动频率也发生了改变，同时系统温度与局部高温区的分布情况也有关。Lee 等使用红外摄像机技术和振动测量，研究了汽车制动器的温度场。Lee 等研究了汽车鼓式制动器的热弹性不稳定性现象，搭建了专门的试验台架来测定临界速度，并对制动鼓和制动衬片进行了改进。Zhao 等进行了摩擦材料的疲劳试验，通过对摩擦片进行特殊加工以模拟摩擦材料的热变形，从而对接合过程中出现的局部高温高压区进行测定。

Panier 等采用红外摄像机技术测定了火车盘式制动器的温度场分布，对其局部高温问题进行了试验研究，同时给出了盘式制动器热点的分类。Majcherczak 等通过接触式和非接触式两种方式对两个相对滑摩的同轴环的温度场进行了联合测定。Kasem 研究了火车制动器在高能制动时的温度水平，用更好的试验设备发现了制动盘上"热带"从外径向内径移动的过程，清晰地捕捉到了热斑产生和演变的过程，测得了制动盘表面温度分布随时间变化的过程及摩擦表面的温度分布。Honner 采用试验研究了盘式制动系统发生热弹性失稳的过程，揭示了进入热弹性不稳定性状态时热点出现过程的瞬态现象。赵家昕等设计试验对湿式离合器多次接合后对偶钢片表面粗糙度进行了测定，研究了表面粗糙度变化对热弹性不稳定性临界速度的影响。

综上所述，目前对于热弹性不稳定性问题的试验研究通常是利用温度传感器采用接触式方法或者非接触式方法测定干式制动器滑摩过程中摩擦元件的温度场的瞬态分布，从而对理论模型或者有限元模型预测的非均匀分布温度场和热弹性不稳定性状态进行验证。干式离合器的试验研究已经取得了一定的成果，但是测量湿式离合器摩擦副滑摩过程中温度场分布的试验研究还比较少，因此在今后的试验研究中需要克服的问题主要是测定润滑条件下摩擦元件的温度场分布。

目前，国外学者主要是对干式及湿式离合器的热弹性不稳定性问题进行研究，在液黏离合器方面取得的成果较少。国内主要研究液黏离合器摩擦元件的温度场分布、油膜剪切机理及转矩传输特性等问题。由于湿式离合器和液黏离合器的工作原理存在本质区别，液黏离合器摩擦副的相对滑摩时间比湿式离合器长得多，因此液黏离合器摩擦副的热失效问题及接合特性与湿式离合器并不相同，针对这一问题，还需要深入研究液黏离合器摩擦副滑摩过程中的热弹性不稳定性问题。

1.3　主要研究内容

针对国内外相关领域研究中存在的不足，以液黏离合器为研究对象，对摩擦副热弹性不稳定性问题开展相关研究。采用理论建模和试验验证的方法，对液黏离合器摩擦副产生热弹性不稳定性现象的影响因素进行了探索，揭示了摩擦元件热点的分布规律，以探明液黏离合器摩擦副热失效机理，改进液黏离合器摩擦副结构，提高液黏离合器的可靠性。主要研究内容如下。

1. 摩擦副热弹性不稳定性理论模型

根据热弹性力学理论，考虑组成摩擦片的中心片和摩擦材料厚度，建立摩擦副热弹性不稳定性研究二维理论模型。依据能量平衡关系、应力与变形平衡条件、摩擦副热弹性变形模态边界条件，建立各模态下的系统矩阵，并求解临界速度。通过对比临界速度，确定考虑摩擦片及对偶钢片厚度情况下系统的主模态。

2. 摩擦副表面扰动压力场及扰动温度场动态分布特性研究

基于摩擦副热弹性不稳定性二维理论模型，探讨扰动增长系数与相对滑摩速度关系的确定方法，确定主模态下各半径的临界线速度及扰动增长系数，得到湿式摩擦副接触表面压力场及温度场分布。探明相对转速及热点个数对扰动增长系数的影响规律，探究滑摩时间、初始压力扰动幅值等因素对摩擦副表面压力场及温度场的影响规律，为液黏离合变速滑摩过程瞬态热弹性不稳定性研究提供先决条件。

3. 液黏离合器变速滑摩过程瞬态热弹性不稳定性研究

以液黏离合器变速滑摩过程为研究对象，在对变速滑摩过程进行分析的基础上，基于平均流量模型及粗糙接触模型分析摩擦副平均压力的变化规律。根据扰动增长系数与相对滑摩速度的关系，探索变速滑摩过程扰动增长系数的变化规律，进而求得扰动压力及热点总压力在变速滑摩过程中的变化规律。建立双圆弧油槽摩擦副三维瞬态热传导模型，探求变速滑摩过程中摩擦副径向非均匀温度场分布，结合摩擦副热弹性不稳定性导致的周向温度场扰动，探明液黏离合器变速滑摩过程中摩擦副热点总温度变化规律。

4. 磨损规律对摩擦副热弹性不稳定性的影响

以磨损规律对热弹性不稳定性的影响为研究对象，在经典的热弹性不稳定性理论中引入磨损定律，结合傅里叶约减法和热弹性方程，建立材料磨损对热弹性不稳定性影响的有限元模型。利用已有的无限半平面解析法，验证有限元法所得数值解的准确性。由于几何形状的复杂性和常用材料的特殊性，解析法难以解决传统液黏离合器系统中使用的摩擦副的热弹性不稳定性问题，重点使用有限元法研究摩擦副的磨损系数和摩擦副厚度对临界速度的综合影响。

5. 液黏离合器摩擦副热弹性不稳定性试验研究

搭建液黏离合器摩擦副热弹性不稳定性试验台，测定摩擦副温度的动态变化，研究摩擦副相对转速、接触压力、润滑油流量对温度扰动幅值的影响，以及变速滑摩工况下扰动幅值的变化情况，对比分析理论结果与试验测试结果，验证所建模型的有效性。

技术路线图如图 1.3 所示。首先，考虑摩擦片和对偶钢片的热弹性变形模态，建立热弹性平衡方程组，得到系统矩阵，进而求解得主模态；然后，考虑半径的影响，应用扰动增长系数与相对滑摩速度的关系，求解扰动增长系数的径向分布，进而求得变速滑摩工况下的表面扰动压力场和温度场；最后，考虑材料的磨损，引入 Archard 磨损定律，应用伽辽金法将模型离散，得到矩阵形式的有限元特征方程，将得到的结果与已有的解析法的结果做对比，进而分析材料磨损和厚度对热弹性不稳定性的综合影响规律。

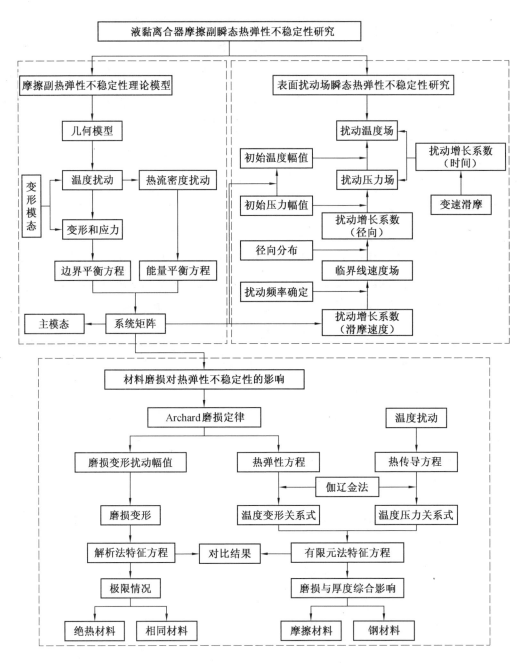

图 1.3　技术路线图

第 2 章　摩擦副热弹性不稳定性理论模型

摩擦元件经常发生局部高温区问题，摩擦副产生局部高温现象主要是受热弹性不稳定性的影响。因为离合器在工作过程中的摩擦损耗较大，其摩擦元件局部高温问题尤其严重。最早的热弹性不稳定性理论模型中，将摩擦材料和钢材料都简化为半无限大平面；之后的研究中又考虑到离合器对偶钢片的厚度，摩擦片仍然简化为同一种摩擦材料。

实际的摩擦片是由中心钢片和两侧的摩擦材料组成的。建立离合器摩擦副二维热弹性不稳定性研究理论模型，建模过程中考虑中心片、摩擦材料、对偶钢片三者厚度的影响，求解摩擦片和对偶钢片扰动分别为对称模态与反对称模态下的临界速度与扰动迁移速度。对比研究各模态下的临界速度变化规律，得到系统进入热弹性不稳定性状态的主模态。

2.1　二维理论模型

2.1.1　热弹性力学理论基础

由弹性力学知识可知，当物体未达到许用极限时，应力需要满足平衡方程及相容性方程。定义艾里函数，应力函数与艾里函数的关系为

$$\sigma_{xx} = \frac{\partial^2 \phi}{\partial z^2}; \quad \sigma_{zz} = \frac{\partial^2 \phi}{\partial x^2}; \quad \sigma_{xz} = \frac{\partial^2 \phi}{\partial x \partial z} \tag{2.1}$$

式中，σ_{xx}、σ_{zz}、σ_{xz} 分别为各个方向上的应力。显然，式（2.1）满足平衡方程，为了求解系统的控制方程，需要使式（2.1）满足相容方程：

$$\frac{\partial^2 \sigma_{xx}}{\partial z^2} - \nu \frac{\partial^2 \sigma_{zz}}{\partial z^2} - 2(1+\nu)\frac{\partial^2 \sigma_{xz}}{\partial x \partial z} + \frac{\partial^2 \sigma_{zz}}{\partial x^2} - \nu \frac{\partial^2 \sigma_{xx}}{\partial x^2} = 0 \qquad (2.2)$$

式中，ν 为泊松比。

联立式（2.1）和式（2.2），可得

$$\frac{\partial^4 \phi}{\partial z^4} - \nu \frac{\partial^4 \phi}{\partial x^2 \partial z^2} + 2(1+\nu)\frac{\partial^4 \phi}{\partial x^2 \partial z^2} + \frac{\partial^4 \phi}{\partial x^4} - \nu \frac{\partial^4 \phi}{\partial x^2 \partial z^2} = 0 \qquad (2.3)$$

化简式（2.3），可得

$$\frac{\partial^4 \phi}{\partial x^4} + \frac{\partial^4 \phi}{\partial z^4} + 2\frac{\partial^4 \phi}{\partial x^2 \partial z^2} = \left(\frac{\partial^2}{\partial x^2} + \frac{\partial^2}{\partial z^2}\right)^2 \phi = 0 \qquad (2.4)$$

式（2.4）称为 Biharmonic 方程，可以简写为

$$\nabla^4 \phi = 0 \qquad (2.5)$$

经过以上推导计算可知，求解 Biharmonic 方程，即可求解弹性力学中的应力问题。

通常，材料的热膨胀量与温度变化成正比。当材料边界处没有限制时，其在各方向上的膨胀量为

$$e_{xx} = e_{zz} = \alpha T \qquad (2.6)$$

$$e_{xz} = 0 \qquad (2.7)$$

式中，e 为应变；α 为热膨胀系数；T 为温度变化。

在热弹性力学中，胡克定律为

$$e_{xx} = \frac{\sigma_{xx}}{E} - \frac{\nu \sigma_{zz}}{E} + \alpha T, \quad e_{zz} = \frac{\sigma_{zz}}{E} - \frac{\nu \sigma_{xx}}{E} + \alpha T, \quad e_{xz} = \frac{\sigma_{xz}(1+\nu)}{E} \qquad (2.8)$$

式中，E 为弹性模量。

在弹性力学的应力问题中加入温度相关项，即可应用艾里-应力函数求解热弹性力学中的应力问题。将式（2.8）代入式（2.9）：

$$\frac{\partial^2 e_{xx}}{\partial z^2} + \frac{\partial^2 e_{zz}}{\partial x^2} - 2\frac{\partial^2 e_{xz}}{\partial x \partial z} = 0 \qquad (2.9)$$

式（2.2）可以转化为

$$\frac{\partial^2 \sigma_{xx}}{\partial z^2} - \nu\frac{\partial^2 \sigma_{zz}}{\partial z^2} + E\alpha\frac{\partial^2 T}{\partial z^2} - 2(1+\nu)\frac{\partial^2 \sigma_{xz}}{\partial x \partial z} + \frac{\partial^2 \sigma_{zz}}{\partial x^2} - \nu\frac{\partial^2 \sigma_{xx}}{\partial x^2} + E\alpha\frac{\partial^2 T}{\partial x^2} = 0 \qquad (2.10)$$

将式（2.1）代入式（2.10），求出平面应力问题的 Biharmonic 方程为

$$\nabla^4 \phi = -E\alpha\nabla^2 T \qquad (2.11)$$

通过相似的方法，可以得到平面应变问题的 Biharmonic 方程为

$$\nabla^4 \phi = -\frac{E\alpha}{1-\nu}\nabla^2 T \qquad (2.12)$$

2.1.2　几何模型

已有的热弹性不稳定性解析模型中，将摩擦材料简化为半无限大平面，但实际中的摩擦材料是有厚度的，而且摩擦片中间有钢材料中心片，所以需要考虑中心片厚度 $2a_3$ 和摩擦材料厚度 a_1，同时将对偶钢片厚度假设为 $2a_2$。考虑离合器圆周方向非均匀分布的温度场问题来进行建模，如图 2.1 所示。对偶钢片（材料 2）静止，摩擦材料（材料 1）以速度 V 沿 x 轴正方向运动，中心片（材料 3）与摩擦材料（材料 1）固联。

热弹性不稳定性分析中采用扰动法，假设在摩擦片和对偶钢片的接触界面间存在一个随时间呈指数增长的余弦压力扰动，并且与相对滑动的摩擦副都存在相对速度。如图 2.1 所示。

模型中采用与压力扰动相对静止的全局坐标系 (x, z)，局部坐标系 (x_1, z_1)、(x_2, z_2)、(x_3, z_3) 分别与材料 1、材料 2、材料 3 固连，由于摩擦片中的摩擦材料与中心片相互固连，所以材料 1 和材料 3 的运动速度相同。

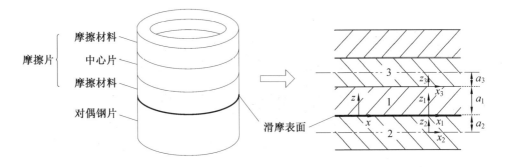

图 2.1　摩擦副二维模型图

各坐标系的转化关系可以表示为

$$x_1 = x + c_1 t，\quad z_1 = z \tag{2.13}$$

$$x_2 = x + c_2 t，\quad z_2 = z + a_2 \tag{2.14}$$

$$x_3 = x_1，\quad z_3 = z - a_1 \tag{2.15}$$

式中，a_1 为摩擦材料厚度；a_2、a_3 为中心片及钢片的半厚度；c_1、c_2 为扰动相对于摩擦片及钢片的运动速度。

摩擦副相对运动速度 v 可以表示为

$$v = c_1 - c_2 \tag{2.16}$$

2.1.3　能量平衡原理

坐标系 (x, z) 下，总压力可以表示为平均压力 p_1 与假设的余弦压力扰动之和：

$$p = p_1 + p_0 \mathrm{e}^{bt} \cos(mx) \tag{2.17}$$

式中，b 为扰动增长系数；m 为扰动频率；p_0 为压力扰动的初始值。

余弦压力扰动可以表示为

$$p_2 = p_0 \mathrm{e}^{bt} \cos(mx) = \mathrm{Re}\{p_0 \exp(bt + imx)\} \tag{2.18}$$

式中，i 为 $\sqrt{-1}$，复数单位；Re 为取复数的实部。

扰动幅值与扰动增长系数 b 的符号有关。系统正常工作状态时 b 为负值，此时滑摩过程中的扰动幅值越来越小；系统进入热弹性不稳定性状态时 b 为正值，此时滑摩过程中的扰动幅值越来越大；当系统在临界状态时 b 为零。系统的临界速度 V_{cr} 定义为系统处于临界状态时摩擦元件的相对滑摩速度。扰动波长 l 可以表示为

$$l = \frac{2\pi r}{N} \tag{2.19}$$

式中，N 为热点数；r 为离合器半径。

扰动频率 m 与扰动波长 l 的关系为

$$m = \frac{2\pi}{l} = \frac{N}{r} \tag{2.20}$$

滑摩过程中受到摩擦元件非均匀分布的接触压力的影响，接触面会有不均匀分布的热量。由压力扰动引起的热流密度可以表示为

$$Q_2 = fVp_2 = \mathrm{Re}\{fvp_0 \exp(bt + imx)\} \tag{2.21}$$

式中，f 为摩擦系数；Q_2 为滑摩表面热流密度扰动。

3 种材料内部的温度场也会出现非均匀分布，根据摩擦热扰动表达式（2.21）可知，相互滑摩的材料 1 和材料 2 的温度场扰动表达式为

$$T_j = \mathrm{Re}\{f_j(z_j) \exp(bt + imx)\} \tag{2.22}$$

式中，$f_j(z_j)$ 表示未知温度函数，j=1，2。

3 种材料的温度场扰动均必须满足固体热传导方程：

$$\frac{\partial^2 T_j}{\partial x^2} + \frac{\partial^2 T_j}{\partial z_j^2} + \frac{c_j}{k_j} \cdot \frac{\partial T_j}{\partial x} = \frac{1}{k_j} \cdot \frac{\partial T_j}{\partial t} \tag{2.23}$$

$$k_j = \frac{K_j}{c_{cj}\rho_j} \tag{2.24}$$

式中，k 为热扩散系数；K 为导热系数；ρ 为密度；c_c 为比热容。

将温度场扰动表达式（2.22）代入偏微分方程（2.23）中，可以得到关于 $f_j(z_j)$

的常微分方程：

$$\frac{d^2 f_j(z_j)}{dz_j^2} = \left(m^2 + \frac{b}{k_j} - \frac{imc_j}{k_j} \right) f_j(z_j) \tag{2.25}$$

求解常微分方程（2.25），可以求得温度函数 $f_j(z_j)$ 的表达式为

$$f_j(z_j) = F_j \exp(-\lambda_j z_j) + G_j \exp(\lambda_j z_j) \tag{2.26}$$

$$\lambda_j = \sqrt{m^2 + \frac{b}{k_j} - \frac{imc_j}{k_j}} \tag{2.27}$$

将式（2.26）代入式（2.22），可得

$$T_j = \mathrm{Re}\{[F_j \exp(-\lambda_j z_j) + G_j \exp(\lambda_j z_j)] \exp(bt + imx)\} \tag{2.28}$$

材料 1 和材料 3 在 $z=a_1$ 时固联，温度对于任意位置（x）和时间（t）都相等，由此可得边界条件表达式：

$$T_3\big|_{z_3=0} = T_1\big|_{z_1=a_1} = \mathrm{Re}\{[F_1 \exp(-\lambda_1 a_1) + G_1 \exp(\lambda_1 a_1)] \exp[bt + im(x_1 - c_1 t)]\} \tag{2.29}$$

所以材料 3 也受扰动影响，可以假设：

$$T_3 = \mathrm{Re}\{f_3(z_3) \exp(bt + imx)\} \tag{2.30}$$

代入固体热传导方程（2.23），可得

$$f_3(z_3) = F_3 \exp(-\lambda_3 z_3) + G_3 \exp(\lambda_3 z_3) \tag{2.31}$$

$$\lambda_3 = \sqrt{m^2 + \frac{b}{k_3} - \frac{imc_1}{k_3}} \tag{2.32}$$

将式（2.31）代入式（2.22），可得

$$T_3 = \mathrm{Re}\{[F_3 \exp(-\lambda_3 z_3) + G_3 \exp(\lambda_3 z_3)] \exp(bt + imx)\} \tag{2.33}$$

固体材料内部 z 方向的热流密度与温度场关系的表达式为

$$q = -K \frac{\partial T}{\partial z} \tag{2.34}$$

若根据边界条件求出 3 种材料的温度场，便可求得摩擦副表面材料 1 和材料 2 的能量平衡方程：

$$q_1\big|_{z=0} - q_2\big|_{z=0} = Q_2 \qquad (2.35)$$

2.2　对称–反对称模态研究

2.2.1　边界条件

将材料 3 的温度场扰动表达式（2.33）代入边界条件表达式（2.29），可得

$$F_3 + G_3 = F_1\exp(-\lambda_1 a_1) + G_1\exp(\lambda_1 a_1) \qquad (2.36)$$

材料 1 和材料 3 在 $z=a_1$ 时固联，热流密度对于任意 x、t 都相等，由此可得边界条件表达式：

$$q_3\big|_{z_3=0} = q_1\big|_{z_1=a_1} \qquad (2.37)$$

将材料 1 和材料 3 的温度场扰动表达式（2.28）和表达式（2.33）代入边界条件表达式（2.37），可得

$$K_3\lambda_3(F_3 - G_3) = -K_1\lambda_1[F_1\exp(-\lambda_1 a_1) - G_1\exp(\lambda_1 a_1)] \qquad (2.38)$$

假设在滑摩过程中，接触面始终接触，则材料 1 和材料 2 在 $z=0$ 处的温度场扰动对于任意 x、t 都相等，由此可得边界条件表达式：

$$T_2\big|_{z_2=a_2} = T_1\big|_{z_1=0} \qquad (2.39)$$

将材料 1 和材料 2 的温度场扰动表达式（2.28）和表达式（2.33）代入边界条件表达式（2.39），可得

$$F_2\exp(-\lambda_2 a_2) + G_2\exp(\lambda_2 a_2) = F_1 + G_1 \qquad (2.40)$$

扰动会沿着有限厚度平面的中心线呈对称分布或者反对称分布，分别称为对称模态、反对称模态，如图 2.2 所示。

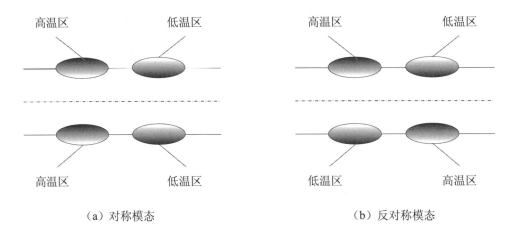

（a）对称模态　　　　　　　　　　（b）反对称模态

图 2.2　热弹性变形模态示意图

对称模态，上下表面的高温区关于中线呈对称分布，中线处的热流密度扰动为零，且中线处沿 z 轴方向的热弹性变形与沿 x 轴方向的切应力均为零。反之，反对称模态，上下表面高温区与低温区将沿其中线呈对称分布，中线处的温度场扰动为零，且中线处沿 x 轴方向的热弹性变形与沿 z 轴方向的正应力均为零。当材料2（对偶钢片）和材料3（中心片）的扰动模态确定时，就能确定对应的临界速度。

当材料2的扰动为反对称分布时，材料2中线处的温度场扰动为零，可得边界条件表达式：

$$T_2\big|_{z_2=0}=0 \tag{2.41}$$

将材料2的温度场扰动表达式（2.28）代入边界条件表达式（2.41），可得

$$F_2+G_2=0 \tag{2.42}$$

当材料3的扰动为对称分布时，材料3中线处的热流密度扰动为零，可得边界条件表达式：

$$q_3\big|_{z_3=a_3}=0 \tag{2.43}$$

将材料3的温度场扰动表达式（2.33）代入边界条件表达式（2.43），可得

$$F_3 = G_3 \exp(2\lambda_3 a_3) \tag{2.44}$$

将表达式（2.42）、表达式（2.44）与表达式（2.36）、表达式（2.38）、表达式（2.40）联立，可得 3 种材料的温度场扰动表达式：

$$T_1 = \text{Re}\left\{ \frac{\lambda_1 K_1 \cosh(\lambda_3 a_3)\cosh(\lambda_1(a_1-z)) + \lambda_3 K_3 \sinh(\lambda_3 a_3)\sinh(\lambda_1(a_1-z))}{\lambda_1 K_1 \cosh(\lambda_3 a_3)\cosh(\lambda_1 a_1) + \lambda_3 K_3 \sinh(\lambda_3 a_3)\sinh(\lambda_1 a_1)} \cdot \right.$$
$$\left. T_0 \exp(bt+imx) \right\} \tag{2.45}$$

$$T_2 = \text{Re}\left\{ \frac{\sinh(\lambda_2(a_2+z))}{\sinh(\lambda_2 a_2)} T_0 \exp(bt+imx) \right\} \tag{2.46}$$

$$T_3 = \text{Re}\left\{ \frac{\lambda_1 K_1 \cosh(\lambda_3(a_3+a_1-z))}{\lambda_1 K_1 \cosh(\lambda_3 a_3)\cosh(\lambda_1 a_1) + \lambda_3 K_3 \sinh(\lambda_3 a_3)\sinh(\lambda_1 a_1))} T_0 \exp(bt+imx) \right\} \tag{2.47}$$

式中，$T_0 = 2G_2 \sinh(\lambda_2 a_2)$。

将 3 种材料的温度场扰动表达式（2.45）～（2.47）分别代入表达式（2.34），可得 3 种材料内部沿 z 轴方向的热流密度扰动表达式：

$$q_1 = \text{Re}\left\{ \lambda_1 K_1 \frac{\lambda_1 K_1 \cosh(\lambda_3 a_3)\sinh(\lambda_1(a_1-z)) + \lambda_3 K_3 \sinh(\lambda_3 a_3)\cosh(\lambda_1(a_1-z))}{\lambda_1 K_1 \cosh(\lambda_3 a_3)\cosh(\lambda_1 a_1) + \lambda_3 K_3 \sinh(\lambda_3 a_3)\sinh(\lambda_1 a_1)} \cdot \right.$$
$$\left. T_0 \exp(bt+imx) \right\} \tag{2.48}$$

$$q_2 = \text{Re}\left\{ -\lambda_2 K_2 \frac{\cosh(\lambda_2(a_2+z))}{\sinh(\lambda_2 a_2)} T_0 \exp(bt+imx) \right\} \tag{2.49}$$

$$q_3 = \text{Re}\left\{ \lambda_3 K_3 \frac{\lambda_1 K_1 \sinh(\lambda_3(a_3+a_1-z))}{\lambda_1 K_1 \cosh(\lambda_3 a_3)\cosh(\lambda_1 a_1) + \lambda_3 K_3 \sinh(\lambda_3 a_3)\sinh(\lambda_1 a_1)} \cdot \right.$$
$$\left. T_0 \exp(bt+imx) \right\} \tag{2.50}$$

将表达式（2.21）、表达式（2.48）、表达式（2.49）代入方程（2.35），可得摩擦副表面的能量平衡方程：

$$\mathrm{Re}\left\{\left[\lambda_1 K_1 \frac{\lambda_1 K_1 \cosh(\lambda_3 a_3)\sinh(\lambda_1 a_1) + \lambda_3 K_3 \sinh(\lambda_3 a_3)\cosh(\lambda_1 a_1)}{\lambda_1 K_1 \cosh(\lambda_3 a_3)\cosh(\lambda_1 a_1) + \lambda_3 K_3 \sinh(\lambda_3 a_3)\sinh(\lambda_1 a_1)} + \right.\right.$$

$$\left.\left. \lambda_2 K_2 \coth(\lambda_2 a_2)\right] T_0 \exp(bt + imx)\right\} = \mathrm{Re}\left\{fVp_0 \exp(bt + imx)\right\} \tag{2.51}$$

由于方程（2.51）对于任意 x、t 均成立，所以滑摩表面的能量平衡方程可以简化为

$$\left[\lambda_1 K_1 \frac{\lambda_1 K_1 \cosh(\lambda_3 a_3)\sinh(\lambda_1 a_1) + \lambda_3 K_3 \sinh(\lambda_3 a_3)\cosh(\lambda_1 a_1)}{\lambda_1 K_1 \cosh(\lambda_3 a_3)\cosh(\lambda_1 a_1) + \lambda_3 K_3 \sinh(\lambda_3 a_3)\sinh(\lambda_1 a_1)} + \right.$$

$$\left. \lambda_2 K_2 \coth(\lambda_2 a_2)\right] T_0 = fVp_0 \tag{2.52}$$

2.2.2　应力与变形

热弹性平衡微分方程的解由特解和等温解两部分组成。3 种材料对应的热弹性应力和变形的特解可用势函数 ψ 表示：

$$\nabla^2 \psi_j = \beta_j T_j \tag{2.53}$$

$$\beta_j = \frac{2\mu_j \alpha_j (1 + \nu_j)}{1 - \nu_j} \tag{2.54}$$

式中，μ_j 为材料 j 的剪切模量；α_j 为材料 j 的热膨胀系数；ν_j 为材料 j 的泊松比。

将 3 种材料的温度场扰动表达式（2.45）～（2.47）代入表达式（2.53），得到 3 种材料的势函数：

$$\psi_1 = \mathrm{Re}\left\{\frac{\lambda_1 K_1 \cosh(\lambda_3 a_3)\cosh(\lambda_1 (a_1 - z)) + \lambda_3 K_3 \sinh(\lambda_3 a_3)\sinh(\lambda_1 (a_1 - z))}{\lambda_1 K_1 \cosh(\lambda_3 a_3)\cosh(\lambda_1 a_1) + \lambda_3 K_3 \sinh(\lambda_3 a_3)\sinh(\lambda_1 a_1)} \cdot \right.$$

$$\left. \frac{\beta_1 T_0}{\lambda_1^2 - m^2} \exp(bt + imx)\right\} \tag{2.55}$$

$$\psi_2 = \mathrm{Re}\left\{ \frac{\sinh(\lambda_2(a_2+z))}{\sinh(\lambda_2 a_2)} \cdot \frac{\beta_2 T_0}{\lambda_2^2 - m^2} \exp(bt+imx) \right\} \tag{2.56}$$

$$\psi_3 = \mathrm{Re}\left\{ \frac{\lambda_1 K_1 \cosh(\lambda_3(a_3+a_1-z))}{\lambda_1 K_1 \cosh(\lambda_3 a_3)\cosh(\lambda_1 a_1) + \lambda_3 K_3 \sinh(\lambda_3 a_3)\sinh(\lambda_1 a_1))} \cdot \right.$$
$$\left. \frac{\beta_3 T_0}{\lambda_3^2 - m^2} \exp(bt+imx) \right\} \tag{2.57}$$

相应的热弹性应力和变形可以通过如下关系式确定：

$$u'_{xj} = \frac{1}{2\mu_j}\cdot\frac{\partial \psi_j}{\partial x}, \quad u'_{zj} = \frac{1}{2\mu_j}\cdot\frac{\partial \psi_j}{\partial z}, \quad \sigma'_{zzj} = -\frac{\partial^2 \psi_j}{\partial x^2}, \quad \sigma'_{xzj} = \frac{\partial^2 \psi_j}{\partial x \partial z} \tag{2.58}$$

式中，u'_{xj} 表示材料 j 在 x 轴方向的变形；u'_{zj} 表示材料 j 在 z 轴方向的变形；σ'_{zzj} 表示材料 j 在 z 轴方向的正应力；σ'_{xzj} 表示材料 j 在 z 轴方向的切应力。

将势函数（2.55）～（2.57）分别代入方程（2.58），可以求得 3 种材料热弹性变形与应力的特解。

材料 1：

$$u'_{x1} = \mathrm{Re}\left\{ \frac{\lambda_1 K_1 \cosh(\lambda_3 a_3)\cosh(\lambda_1(a_1-z)) + \lambda_3 K_3 \sinh(\lambda_3 a_3)\sinh(\lambda_1(a_1-z))}{\lambda_1 K_1 \cosh(\lambda_3 a_3)\cosh(\lambda_1 a_1) + \lambda_3 K_3 \sinh(\lambda_3 a_3)\sinh(\lambda_1 a_1)} \cdot \right.$$
$$\left. \frac{im\beta_1 T_0}{2\mu_1(\lambda_1^2 - m^2)} \exp(bt+imx) \right\} \tag{2.59}$$

$$u'_{z1} = \mathrm{Re}\left\{ \frac{\lambda_1 K_1 \cosh(\lambda_3 a_3)\sinh(\lambda_1(a_1-z)) + \lambda_3 K_3 \sinh(\lambda_3 a_3)\cosh(\lambda_1(a_1-z))}{\lambda_1 K_1 \cosh(\lambda_3 a_3)\cosh(\lambda_1 a_1) + \lambda_3 K_3 \sinh(\lambda_3 a_3)\sinh(\lambda_1 a_1)} \cdot \right.$$
$$\left. \frac{-\lambda_1 \beta_1 T_0}{2\mu_1(\lambda_1^2 - m^2)} \exp(bt+imx) \right\} \tag{2.60}$$

$$\sigma'_{zz1} = \mathrm{Re}\left\{ \frac{\lambda_1 K_1 \cosh(\lambda_3 a_3)\cosh(\lambda_1(a_1-z)) + \lambda_3 K_3 \sinh(\lambda_3 a_3)\sinh(\lambda_1(a_1-z))}{\lambda_1 K_1 \cosh(\lambda_3 a_3)\cosh(\lambda_1 a_1) + \lambda_3 K_3 \sinh(\lambda_3 a_3)\sinh(\lambda_1 a_1)} \cdot \right.$$
$$\left. \frac{m^2 \beta_1 T_0}{\lambda_1^2 - m^2} \times \exp(bt+imx) \right\} \tag{2.61}$$

$$\sigma'_{xz1} = \mathrm{Re}\left\{\frac{\lambda_1 K_1 \cosh(\lambda_3 a_3)\sinh(\lambda_1(a_1-z)) + \lambda_3 K_3 \sinh(\lambda_3 a_3)\cosh(\lambda_1(a_1-z))}{\lambda_1 K_1 \cosh(\lambda_3 a_3)\cosh(\lambda_1 a_1) + \lambda_3 K_3 \sinh(\lambda_3 a_3)\sinh(\lambda_1 a_1)} \cdot \right.$$

$$\left. \frac{-im\lambda_1\beta_1 T_0}{\lambda_1^2 - m^2} \times \exp(bt + imx)\right\} \tag{2.62}$$

材料2：

$$u'_{x2} = \mathrm{Re}\left\{\frac{\sinh(\lambda_2(a_2+z))}{\sinh(\lambda_2 a_2)} \cdot \frac{im\beta_2 T_0}{2\mu_2(\lambda_2^2 - m^2)}\exp(bt+imx)\right\} \tag{2.63}$$

$$u'_{z2} = \mathrm{Re}\left\{\frac{\cosh(\lambda_2(a_2+z))}{\sinh(\lambda_2 a_2)} \cdot \frac{\lambda_2\beta_2 T_0}{2\mu_2(\lambda_2^2 - m^2)}\exp(bt+imx)\right\} \tag{2.64}$$

$$\sigma'_{zz2} = \mathrm{Re}\left\{\frac{\sinh(\lambda_2(a_2+z))}{\sinh(\lambda_2 a_2)} \cdot \frac{m^2\beta_2 T_0}{\lambda_2^2 - m^2}\exp(bt+imx)\right\} \tag{2.65}$$

$$\sigma'_{xz2} = \mathrm{Re}\left\{\frac{\cosh(\lambda_2(a_2+z))}{\sinh(\lambda_2 a_2)} \cdot \frac{im\lambda_2\beta_2 T_0}{\lambda_2^2 - m^2}\exp(bt+imx)\right\} \tag{2.66}$$

材料3：

$$u'_{x3} = \mathrm{Re}\left\{\frac{\lambda_1 K_1 \cosh(\lambda_3(a_3+a_1-z))}{\lambda_1 K_1 \cosh(\lambda_3 a_3)\cosh(\lambda_1 a_1) + \lambda_3 K_3 \sinh(\lambda_3 a_3)\sinh(\lambda_1 a_1))} \cdot \right.$$

$$\left. \frac{im\beta_3 T_0}{2\mu_3(\lambda_3^2 - m^2)}\exp(bt+imx)\right\} \tag{2.67}$$

$$u'_{z3} = \mathrm{Re}\left\{\frac{\lambda_1 K_1 \sinh(\lambda_3(a_3+a_1-z))}{\lambda_1 K_1 \cosh(\lambda_3 a_3)\cosh(\lambda_1 a_1) + \lambda_3 K_3 \sinh(\lambda_3 a_3)\sinh(\lambda_1 a_1))} \cdot \right.$$

$$\left. \frac{-\lambda_3\beta_3 T_0}{2\mu_3(\lambda_3^2 - m^2)}\exp(bt+imx)\right\} \tag{2.68}$$

$$\sigma'_{zz3} = \mathrm{Re}\left\{\frac{\lambda_1 K_1 \cosh(\lambda_3(a_3+a_1-z))}{\lambda_1 K_1 \cosh(\lambda_3 a_3)\cosh(\lambda_1 a_1) + \lambda_3 K_3 \sinh(\lambda_3 a_3)\sinh(\lambda_1 a_1))} \cdot \right.$$

$$\left. \frac{m^2\beta_3 T_0}{\lambda_3^2 - m^2}\exp(bt+imx)\right\} \tag{2.69}$$

$$\sigma'_{xz3} = \mathrm{Re}\left\{ \frac{\lambda_1 K_1 \sinh(\lambda_3(a_3 + a_1 - z))}{\lambda_1 K_1 \cosh(\lambda_3 a_3)\cosh(\lambda_1 a_1) + \lambda_3 K_3 \sinh(\lambda_3 a_3)\sinh(\lambda_1 a_1))} \cdot \right.$$

$$\left. \frac{-\mathrm{i}m\lambda_3 \beta_3 T_0}{\lambda_3^2 - m^2} \exp(bt + \mathrm{i}mx) \right\} \qquad (2.70)$$

热弹性平衡微分方程的齐次通解可由 GREEN 等温解的 A 和 D 的形式相加得到。引入 2 个调和函数 ϕ_j 和 w_j：

$$u''_{xj} = \frac{1}{2\mu_j}\left(\frac{\partial \phi_j}{\partial x} + z_j \frac{\partial w_j}{\partial x} \right) \qquad (2.71)$$

$$u''_{zj} = \frac{1}{2\mu_j}\left[\frac{\partial \phi_j}{\partial z} + z_j \frac{\partial w_j}{\partial z} - (3 - 4\nu_j)w_j \right] \qquad (2.72)$$

$$\sigma''_{zzj} = -\frac{\partial^2 \phi_j}{\partial x^2} + z_j \frac{\partial^2 w_j}{\partial z^2} - 2(1 - \nu_j)\frac{\partial w_j}{\partial z} \qquad (2.73)$$

$$\sigma''_{xzj} = \frac{\partial^2 \phi_j}{\partial x \partial z} + z_j \frac{\partial^2 w_j}{\partial x \partial z} - (1 - 2\nu_j)\frac{\partial w_j}{\partial x} \qquad (2.74)$$

2 个调和函数须满足：

$$\nabla^2 \phi_j = 0 \qquad (2.75)$$

$$\nabla^2 w_j = 0 \qquad (2.76)$$

假设调和函数的形式为

$$\phi_j = \mathrm{Re}\{[A_j \exp(-mz_j) + B_j \exp(mz_j)]\exp(bt + \mathrm{i}mx)\} \qquad (2.77)$$

$$w_j = \mathrm{Re}\{[C_j \exp(-mz_j) + D_j \exp(mz_j)]\exp(bt + \mathrm{i}mx)\} \qquad (2.78)$$

当材料 2 为反对称模态时，中线处沿 x 轴方向的热弹性变形与沿 z 轴方向的正应力均为零，则有

$$u''_{x2}\big|_{z=-a_2} = 0 , \quad \sigma''_{zz2}\big|_{z=-a_2} = 0 \qquad (2.79)$$

将材料 2 的调和函数表达式（2.77）、表达式（2.78）分别代入表达式（2.71）、表达式（2.73），应用边界条件表达式（2.79）可以将材料 2 的调和函数表达式简化为

$$\phi_2 = \mathrm{Re}\{[A_2 \sinh(m(z+a_2))]\exp(bt+imx)\} \qquad (2.80)$$

$$w_2 = \mathrm{Re}\{[B_2 \cosh(m(z+a_2))]\exp(bt+imx)\} \qquad (2.81)$$

当材料 3 为对称模态时，中线处沿 z 轴方向的热弹性变形与沿 x 轴方向的切应力均为零，则有

$$u''_{z3}\big|_{z=a_1+a_3} = 0 , \quad \sigma''_{xz3}\big|_{z=a_1+a_3} = 0 \qquad (2.82)$$

同理，将材料 3 的调和函数表达式（2.77）、表达式（2.78）分别代入表达式（2.72）、表达式（2.74），应用边界条件表达式（2.82）可以将材料 3 的调和函数表达式简化为

$$\phi_3 = \mathrm{Re}\{[A_3 \cosh(m(z-a_1-a_3)) - a_3 B_3 \exp(m(z-a_1-a_3))]\exp(bt+imx)\} \qquad (2.83)$$

$$w_3 = \mathrm{Re}\{[B_3 \sinh(m(z-a_1-a_3))]\exp(bt+imx)\} \qquad (2.84)$$

材料 1 的调和函数无法简化，仍然是

$$\phi_1 = \mathrm{Re}\{[A_1 \exp(-mz) + B_1 \exp(mz)]\exp(bt+imx)\} \qquad (2.85)$$

$$w_1 = \mathrm{Re}\{[C_1 \exp(-mz) + D_1 \exp(mz)]\exp(bt+imx)\} \qquad (2.86)$$

分别将 3 种材料的调和函数代入方程（2.71）～（2.74），可以求得 3 种材料热弹性应力与变形的等温解。

材料 1：

$$u''_{x1} = \mathrm{Re}\Bigg\{[(A_1 \exp(-mz) + B_1 \exp(mz)) + z(C_1 \exp(-mz) + D_1 \exp(mz))]\cdot$$

$$\frac{im}{2\mu_1}\exp(bt+imx)\Bigg\} \qquad (2.87)$$

$$u''_{z1} = \mathrm{Re}\left\{[-m(A_1 \exp(-mz) - B_1 \exp(mz)) - mz(C_1 \exp(-mz) - D_1 \exp(mz)) - \right.$$

$$\left. (3 - 4v_1)(C_1 \exp(-mz) + D_1 \exp(mz))] \frac{1}{2\mu_1} \exp(bt + \mathrm{i}mx)\right\} \qquad (2.88)$$

$$\sigma''_{zz1} = \mathrm{Re}\{m[m(A_1 \exp(-mz) + B_1 \exp(mz)) + zm(C_1 \exp(-mz) + D_1 \exp(mz)) +$$

$$2(1 - v_1)(C_1 \exp(-mz) - D_1 \exp(mz))] \exp(bt + \mathrm{i}mx)\} \qquad (2.89)$$

$$\sigma''_{xz1} = \mathrm{Re}\{-\mathrm{i}m[m(A_1 \exp(-mz) - B_1 \exp(mz)) + mz(C_1 \exp(-mz) -$$

$$D_1 \exp(mz)) + (1 - 2v_1)(C_1 \exp(-mz) + D_1 \exp(mz))] \exp(bt + \mathrm{i}mx)\} \qquad (2.90)$$

材料 2：

$$u''_{x2} = \mathrm{Re}\left\{[A_2 \sinh(m(z + a_2)) + (z + a_2)B_2 \cosh(m(z + a_2))] \cdot \right.$$

$$\left. \frac{\mathrm{i}m}{2\mu_2} \exp(bt + \mathrm{i}mx)\right\} \qquad (2.91)$$

$$u''_{z2} = \mathrm{Re}\left\{[mA_2 \cosh(m(z + a_2)) + m(z + a_2)B_2 \sinh(m(z + a_2)) - \right.$$

$$\left. (3 - 4v_2)B_2 \cosh(m(z + a_2))] \frac{1}{2\mu_2} \exp(bt + \mathrm{i}mx)\right\} \qquad (2.92)$$

$$\sigma''_{zz2} = \mathrm{Re}\{m[mA_2 \sinh(m(z + a_2)) + m(z + a_2)B_2 \cosh(m(z + a_2)) -$$

$$2(1 - v_2)B_2 \sinh(m(z + a_2))] \exp(bt + \mathrm{i}mx)\} \qquad (2.93)$$

$$\sigma''_{xz2} = \mathrm{Re}\{\mathrm{i}m[mA_2 \cosh(m(z + a_2)) + m(z + a_2)B_2 \sinh(m(z + a_2)) -$$

$$(1 - 2v_2)B_2 \cosh(m(z + a_2))] \exp(bt + \mathrm{i}mx)\} \qquad (2.94)$$

材料 3：

$$u''_{x3} = \mathrm{Re}\left\{[A_3 \cosh(m(z - a_1 - a_3)) - a_3 B_3 \exp(m(z - a_1 - a_3)) + \right.$$

$$\left. (z - a_1)B_3 \sinh(m(z - a_1 - a_3))] \frac{\mathrm{i}m}{2\mu_3} \exp(bt + \mathrm{i}mx)\right\} \qquad (2.95)$$

$$u''_{z3} = \text{Re}\left\{[mA_3\sinh(m(z-a_1-a_3)) - ma_3B_3\exp(m(z-a_1-a_3)) +\right.$$

$$m(z-a_1)B_3\cosh(m(z-a_1-a_3)) - (3-4v_3)B_3\sinh(m(z-a_1-a_3))]\cdot \quad (2.96)$$

$$\left.\frac{1}{2\mu_3}\exp(bt+imx)\right\}$$

$$\sigma''_{zz3} = \text{Re}\{m[mA_3\cosh(m(z-a_1-a_3)) - ma_3B_3\exp(m(z-a_1-a_3)) +$$

$$m(z-a_1)B_3\sinh(m(z-a_1-a_3)) - 2(1-v_3)B_3\cosh(m(z-a_1-a_3))]\cdot \quad (2.97)$$

$$\exp(bt+imx)\}$$

$$\sigma''_{xz3} = \text{Re}\{im[mA_3\sinh(m(z-a_1-a_3)) - ma_3B_3\exp(m(z-a_1-a_3)) +$$

$$m(z-a_1)B_3\cosh(m(z-a_1-a_3)) - (1-2v_3)B_3\sinh(m(z-a_1-a_3))]\cdot \quad (2.98)$$

$$\exp(bt+imx)\}$$

将 3 种材料的热弹性变形与应力特解表达式（2.59）～（2.70）、等温解表达式（2.87）～（2.98）分别相加，可以求得 3 种材料热弹性变形与应力的通解。

2.2.3　平衡方程

材料 1 和材料 3 在 $z=a_1$ 时固联，热弹性应力与变形对于任意 x、t 都相等，由此可得边界条件表达式：

$$u_{x1}|_{z=a_1} = u_{x3}|_{z=a_1}, \quad u_{z1}|_{z=a_1} = u_{z3}|_{z=a_1}, \quad \sigma_{zz1}|_{z=a_1} = \sigma_{zz3}|_{z=a_1}, \quad \sigma_{xz1}|_{z=a_1} = \sigma_{xz3}|_{z=a_1} \quad (2.99)$$

将所求得的热弹性变形和应力通解代入边界条件表达式（2.99），方程（2.99）对于任意 x、t 均成立，所以可以将方程两边的 $\text{Re}\{\exp(bt+imx)\}$ 同时约去，可得

$$[(A_1\exp(-ma_1) + B_1\exp(ma_1)) + a_1(C_1\exp(-ma_1) + D_1\exp(ma_1))]\frac{im}{2\mu_1} +$$

$$\frac{\lambda_1 K_1\cosh(\lambda_3 a_3)}{\lambda_1 K_1\cosh(\lambda_3 a_3)\cosh(\lambda_1 a_1) + \lambda_3 K_3\sinh(\lambda_3 a_3)\sinh(\lambda_1 a_1)}\cdot\frac{im\beta_1 T_0}{2\mu_1(\lambda_1^2-m^2)} =$$

$$[A_3\cosh(ma_3) - a_3B_3\exp(-ma_3)]\frac{im}{2\mu_3} + \quad (2.100)$$

$$\frac{\lambda_1 K_1\cosh(\lambda_3 a_3)}{\lambda_1 K_1\cosh(\lambda_3 a_3)\cosh(\lambda_1 a_1) + \lambda_3 K_3\sinh(\lambda_3 a_3)\sinh(\lambda_1 a_1)}\cdot\frac{im\beta_3 T_0}{2\mu_3(\lambda_3^2-m^2)}$$

$$[-m(A_1 \exp(-ma_1) - B_1 \exp(ma_1)) - ma_1(C_1 \exp(-ma_1) - D_1 \exp(ma_1)) -$$

$$(3 - 4\nu_1)(C_1 \exp(-ma_1) + D_1 \exp(ma_1))]\frac{1}{2\mu_1} +$$

$$\frac{\lambda_3 K_3 \sinh(\lambda_3 a_3)}{\lambda_1 K_1 \cosh(\lambda_3 a_3)\cosh(\lambda_1 a_1) + \lambda_3 K_3 \sinh(\lambda_3 a_3)\sinh(\lambda_1 a_1)} \cdot \frac{-\lambda_1 \beta_1 T_0}{2\mu_1(\lambda_1^2 - m^2)} = \quad (2.101)$$

$$[-mA_3 \sinh(ma_3) - ma_3 B_3 \exp(-ma_3) + (3 - 4\nu_3)B_3 \sinh(ma_3)]\frac{1}{2\mu_3} +$$

$$\frac{\lambda_1 K_1 \sinh(\lambda_3 a_3)}{\lambda_1 K_1 \cosh(\lambda_3 a_3)\cosh(\lambda_1 a_1) + \lambda_3 K_3 \sinh(\lambda_3 a_3)\sinh(\lambda_1 a_1)} \cdot \frac{-\lambda_3 \beta_3 T_0}{2\mu_3(\lambda_3^2 - m^2)}$$

$$m[m(A_1 \exp(-ma_1) + B_1 \exp(ma_1)) + ma_1(C_1 \exp(-ma_1) + D_1 \exp(ma_1)) +$$

$$2(1 - \nu_1)(C_1 \exp(-ma_1) - D_1 \exp(ma_1))] +$$

$$\frac{\lambda_1 K_1 \cosh(\lambda_3 a_3)}{\lambda_1 K_1 \cosh(\lambda_3 a_3)\cosh(\lambda_1 a_1) + \lambda_3 K_3 \sinh(\lambda_3 a_3)\sinh(\lambda_1 a_1)} \cdot \frac{m^2 \beta_1 T_0}{\lambda_1^2 - m^2} = \quad (2.102)$$

$$m[mA_3 \cosh(ma_3) - ma_3 B_3 \exp(-ma_3) - 2(1 - \nu_3)B_3 \cosh(ma_3)] +$$

$$\frac{\lambda_1 K_1 \cosh(\lambda_3 a_3)}{\lambda_1 K_1 \cosh(\lambda_3 a_3)\cosh(\lambda_1 a_1) + \lambda_3 K_3 \sinh(\lambda_3 a_3)\sinh(\lambda_1 a_1)} \cdot \frac{m^2 \beta_3 T_0}{\lambda_3^2 - m^2}$$

$$-im[m(A_1 \exp(-ma_1) - B_1 \exp(ma_1)) + ma_1(C_1 \exp(-ma_1) -$$

$$D_1 \exp(ma_1)) + (1 - 2\nu_1)(C_1 \exp(-ma_1) + D_1 \exp(ma_1))] +$$

$$\frac{\lambda_3 K_3 \sinh(\lambda_3 a_3)}{\lambda_1 K_1 \cosh(\lambda_3 a_3)\cosh(\lambda_1 a_1) + \lambda_3 K_3 \sinh(\lambda_3 a_3)\sinh(\lambda_1 a_1)} \cdot \frac{-im\lambda_1 \beta_1 T_0}{\lambda_1^2 - m^2} = \quad (2.103)$$

$$-im[mA_3 \sinh(ma_3) + ma_3 B_3 \exp(-ma_3) - (1 - 2\nu_3)B_3 \sinh(ma_3)] +$$

$$\frac{\lambda_1 K_1 \sinh(\lambda_3 a_3)}{\lambda_1 K_1 \cosh(\lambda_3 a_3)\cosh(\lambda_1 a_1) + \lambda_3 K_3 \sinh(\lambda_3 a_3)\sinh(\lambda_1 a_1)} \cdot \frac{-im\lambda_3 \beta_3 T_0}{\lambda_3^2 - m^2}$$

根据摩擦副接触面在滑摩过程中不发生分离的假设，可知：

$$u_{z1}\big|_{z=0} = u_{z2}\big|_{z=0}, \quad \sigma_{zz1}\big|_{z=0} = \sigma_{zz2}\big|_{z=0} = -p_2, \quad \sigma_{xz1}\big|_{z=0} = \sigma_{xz2}\big|_{z=0} = -fp_2 \quad (2.104)$$

将所求得的热弹性变形和应力通解代入边界条件表达式（2.104），方程（2.104）对于任意 x、t 均成立，所以可以将方程两边的 $\mathrm{Re}\{\exp(bt+\mathrm{i}mx)\}$ 同时约去，可得

$$-\frac{m}{2\mu_1}(A_1-B_1)-\frac{3-4\nu_1}{2\mu_1}(C_1+D_1)+$$

$$\frac{\lambda_1 K_1 \cosh(\lambda_3 a_3)\sinh(\lambda_1 a_1)+\lambda_3 K_3 \sinh(\lambda_3 a_3)\cosh(\lambda_1 a_1)}{\lambda_1 K_1 \cosh(\lambda_3 a_3)\cosh(\lambda_1 a_1)+\lambda_3 K_3 \sinh(\lambda_3 a_3)\sinh(\lambda_1 a_1)}\cdot\frac{-\lambda_1\beta_1 T_0}{2\mu_1(\lambda_1^2-m^2)}=$$

$$[(mA_2\cosh(ma_2)+ma_2 B_2\sinh(ma_2)-(3-4\nu_2)B_2\cosh(ma_2)]\frac{1}{2\mu_2}+$$

$$\frac{\lambda_2\beta_2 T_0}{2\mu_2(\lambda_2^2-m^2)}\coth(\lambda_2 a_2)$$

$$\hspace{4cm}(2.105)$$

$$m[m(A_1+B_1)+2(1-\nu_1)(C_1-D_1)]+\frac{m^2\beta_1 T_0}{\lambda_1^2-m^2}=-p_0 \qquad (2.106)$$

$$m[(mA_2\sinh(ma_2)+ma_2 B_2\cosh(ma_2)-2(1-\nu_2)B_2\sinh(ma_2)]+\frac{m^2\beta_2 T_0}{\lambda_2^2-m^2}=-p_0 \quad (2.107)$$

$$-\mathrm{i}m[m(A_1-B_1)+(1-2\nu_1)(C_1+D_1)]+$$

$$\frac{\lambda_1 K_1 \cosh(\lambda_3 a_3)\sinh(\lambda_1 a_1)+\lambda_3 K_3 \sinh(\lambda_3 a_3)\cosh(\lambda_1 a_1)}{\lambda_1 K_1 \cosh(\lambda_3 a_3)\cosh(\lambda_1 a_1)+\lambda_3 K_3 \sinh(\lambda_3 a_3)\sinh(\lambda_1 a_1)}\cdot\frac{-\mathrm{i}m\lambda_1\beta_1 T_0}{\lambda_1^2-m^2}=-fp_0$$

$$\hspace{4cm}(2.108)$$

$$\mathrm{i}m[(mA_2\cosh(ma_2)+ma_2 B_2\sinh(ma_2)-(1-2\nu_2)B_2\cosh(ma_2)]+$$

$$\frac{\mathrm{i}m\lambda_2\beta_2 T_0}{\lambda_2^2-m^2}\coth(\lambda_2 a_2)=-fp_0$$

$$\hspace{4cm}(2.109)$$

2.2.4 系统矩阵与临界速度

将式（2.52）、式（2.100）～式（2.103）、（2.105）～（2.109）改写为矩阵形式：

$$\boldsymbol{L}_{sa}\boldsymbol{X}_{sa}=0 \qquad (2.110)$$

式中，$\boldsymbol{L}_{sa}$ 为系统热弹性不稳定性矩阵；$\boldsymbol{X}_{sa}$ 为未知数向量。

$$\boldsymbol{L}_{sa}=[\boldsymbol{L}_{sa1} \quad \boldsymbol{L}_{sa2} \quad \cdots \quad \boldsymbol{L}_{sa10}] \qquad (2.111)$$

$$\boldsymbol{X}_{sa} = [A_1 \quad B_1 \quad C_1 \quad D_1 \quad A_2 \quad B_2 \quad A_3 \quad B_3 \quad p_0 \quad T_0]^{\mathrm{T}} \tag{2.112}$$

$$\boldsymbol{L}_{sa1} = \left[-\frac{m}{2\mu_1} \quad m^2 \quad -im^2 \quad 0 \quad 0 \quad 0 \quad \frac{im}{2\mu_1}\exp(-ma_1) \right.$$
$$\tag{2.113}$$
$$\left. -\frac{m}{2\mu_1}\exp(-ma_1) \quad m^2\exp(-ma_1) \quad -im^2\exp(-ma_1) \right]^{\mathrm{T}}$$

$$\boldsymbol{L}_{sa2} = \left[\frac{m}{2\mu_1} \quad m^2 \quad im^2 \quad 0 \quad 0 \quad 0 \quad \frac{im}{2\mu_1}\exp(ma_1) \right.$$
$$\tag{2.114}$$
$$\left. \frac{m}{2\mu_1}\exp(ma_1) \quad m^2\exp(ma_1) \quad im^2\exp(ma_1) \right]^{\mathrm{T}}$$

$$\boldsymbol{L}_{sa3} = \left[-\frac{3-4v_1}{2\mu_1} \quad 2m(1-v_1) \quad -im(1-2v_1) \quad 0 \quad 0 \quad 0 \quad \frac{ima_1}{2\mu_1}\exp(-ma_1) \right.$$
$$-\frac{ma_1+(3-4v_1)}{2\mu_1}\exp(-ma_1) \quad m(ma_1+2(1-v_1))\exp(-ma_1) \tag{2.115}$$
$$\left. -im(ma_1+(1-2v_1))\exp(-ma_1) \right]^{\mathrm{T}}$$

$$\boldsymbol{L}_{sa4} = \left[-\frac{3-4v_1}{2\mu_1} \quad -2m(1-v_1) \quad -im(1-2v_1) \quad 0 \quad 0 \quad 0 \quad \frac{ima_1}{2\mu_1}\exp(ma_1) \right.$$
$$\frac{ma_1-(3-4v_1)}{2\mu_1}\exp(ma_1) \quad m(ma_1-2(1-v_1))\exp(ma_1) \tag{2.116}$$
$$\left. im(ma_1-(1-2v_1))\exp(ma_1) \right]^{\mathrm{T}}$$

$$\boldsymbol{L}_{sa5} = \left[-\frac{m}{2\mu_2}\cosh(ma_2) \quad 0 \quad 0 \quad m^2\sinh(ma_2) \quad im^2\cosh(ma_2) \quad 0 \quad 0 \quad 0 \quad 0 \quad 0 \right]^{\mathrm{T}} \tag{2.117}$$

$$\boldsymbol{L}_{sa6} = \left[-\frac{1}{2\mu_2}(ma_2\sinh(ma_2)-(3-4v_2)\cosh(ma_2)) \quad 0 \quad 0 \right.$$
$$m(ma_2\cosh(ma_2)-2(1-v_2)\sinh(ma_2)) \tag{2.118}$$
$$\left. im(ma_2\sinh(ma_2)-(1-2v_2)\cosh(ma_2)) \quad 0 \quad 0 \quad 0 \quad 0 \quad 0 \right]^{\mathrm{T}}$$

$$\boldsymbol{L}_{sa7} = \left[0 \quad 0 \quad 0 \quad 0 \quad 0 \quad 0 \quad -\frac{im}{2\mu_3}\cosh(ma_3) \right.$$

（2.119）

$$\left. \frac{m}{2\mu_3}\sinh(ma_3) \quad -m^2\cosh(ma_3) \quad im^2\sinh(ma_3) \right]^{\mathrm{T}}$$

$$\boldsymbol{L}_{sa8} = \left[0 \quad 0 \quad 0 \quad 0 \quad 0 \quad 0 \quad \frac{ima_3}{2\mu_3}\exp(-ma_3) \right.$$

$$\frac{1}{2\mu_3}(ma_3\exp(-ma_3) - (3-4\nu_3)\sinh(ma_3))$$

（2.120）

$$m(ma_3\exp(-ma_3) + 2(1-\nu_3)\cosh(ma_3))$$

$$\left. im(ma_3\exp(-ma_3) - (1-2\nu_3)\sinh(ma_3)) \right]^{\mathrm{T}}$$

$$\boldsymbol{L}_{sa9} = [0 \quad 1 \quad f \quad 1 \quad f \quad -f(c_1-c_2) \quad 0 \quad 0 \quad 0 \quad 0]^{\mathrm{T}} \qquad （2.121）$$

$$\boldsymbol{L}_{sa10} = \left[\frac{-\lambda_1\beta_1}{2\mu_1(\lambda_1^2-m^2)}\cdot\frac{S_2}{S_1} - \frac{\lambda_2\beta_2}{2\mu_2(\lambda_2^2-m^2)}\coth(\lambda_2 a_2) \quad \frac{m^2\beta_1}{\lambda_1^2-m^2} \quad \frac{-im\lambda_1\beta_1}{\lambda_1^2-m^2}\cdot\frac{S_2}{S_1} \cdot \right.$$

$$\frac{m^2\beta_2}{\lambda_2^2-m^2} \quad \frac{im\lambda_2\beta_2}{\lambda_2^2-m^2}\coth(\lambda_2 a_2) \quad \lambda_1 K_1\frac{S_2}{S_1} + \lambda_2 K_2\coth(\lambda_2 a_2)$$

$$\left(\frac{\beta_1}{2\mu_1(\lambda_1^2-m^2)} - \frac{\beta_3}{2\mu_3(\lambda_3^2-m^2)} \right)\frac{im\lambda_1 K_1\cosh(\lambda_3 a_3)}{S_1}$$

$$\left(\frac{-K_3\beta_1}{2\mu_1(\lambda_1^2-m^2)} + \frac{K_1\beta_3}{2\mu_3(\lambda_3^2-m^2)} \right)\frac{\lambda_1\lambda_3\sinh(\lambda_3 a_3)}{S_1}$$

（2.122）

$$\left(\frac{\beta_1}{\lambda_1^2-m^2} - \frac{\beta_3}{\lambda_3^2-m^2} \right)\frac{m^2\lambda_1 K_1\cosh(\lambda_3 a_3)}{S_1}$$

$$\left. \left(\frac{-K_3\beta_1}{\lambda_1^2-m^2} + \frac{K_1\beta_3}{\lambda_3^2-m^2} \right)\frac{im\lambda_1\lambda_3\sinh(\lambda_3 a_3)}{S_1} \right]^{\mathrm{T}}$$

表达式（2.122）中的自定义参数 S_1 和 S_2：

$$S_1 = \lambda_1 K_1\cosh(\lambda_3 a_3)\cosh(\lambda_1 a_1) + \lambda_3 K_3\sinh(\lambda_3 a_3)\sinh(\lambda_1 a_1) \qquad （2.123）$$

$$S_2 = \lambda_1 K_1 \cosh(\lambda_3 a_3) \sinh(\lambda_1 a_1) + \lambda_3 K_3 \sinh(\lambda_3 a_3) \cosh(\lambda_1 a_1) \quad (2.124)$$

当线性方程组存在非零解时，其系数矩阵的行列式等于零，即 $|\boldsymbol{L}_{sa}| = 0$，可以得到复数方程和分离方程的实部与虚部，即得到两个关系式。令扰动增长系数 $b=0$，考虑滑摩速度与扰动迁移速度关系（见表达式（2.16）），求解得到临界速度 V 与迁移速度 c_1、c_2。为了验证所建立理论模型的准确性，并与 Lee 等研究所得的无限厚摩擦材料结果作对比，采用与 Lee 等研究中相同的石棉摩擦材料和灰铸铁对偶材料（简称钢材料），见表 2.1。

表 2.1　摩擦副材料及结构参数

变量名称	数值	变量名称	数值
摩擦材料厚度 a_1/mm	1	对偶材料半厚度 a_2/mm	0.4
中心片半厚度 a_3/mm	0.8	摩擦系数 f	0.4
摩擦材料弹性模量 E_1/GPa	0.53	对偶材料弹性模量 E_2/GPa	125
摩擦材料泊松比 ν_1	0.25	对偶材料泊松比 ν_2	0.25
摩擦材料热膨胀系数 α_1/K^{-1}	3.0×10^{-5}	对偶材料热膨胀系数 α_2/K^{-1}	1.2×10^{-5}
摩擦材料导热系数 K_1/(W·m^{-1}·K^{-1})	0.5	对偶材料导热系数 K_2/(W·m^{-1}·K^{-1})	54
摩擦材料热扩散系数 k_1/(m^2·s^{-1})	0.269×10^{-6}	对偶材料热扩散系数 k_2/(m^2·s^{-1})	1.298×10^{-5}

中心片与对偶钢片取相同材料参数。分别计算临界速度与对应的扰动迁移速度。扰动相对于摩擦片和对偶钢片的速度定义为迁移速度。对横坐标进行无量纲化得到扰动频率 ma_2，图 2.3 为无量纲扰动频率与临界速度和迁移速度的关系曲线。

分析图 2.3（a）发现，临界速度在确定材料厚度的情况下随扰动频率的变化而发生变化，例如，如果摩擦副的半径为 294 mm、热点数为 73，则扰动频率为 248 m^{-1}时，临界速度为 99 m/s；当热点数为 161、扰动频率为 548 m^{-1} 时，临界速度为 24.75 m/s；两种扰动频率对应的临界速度相差近 4 倍，说明热弹性不稳定性受扰动频率的影响显著。系统热弹性不稳定性状态的发生，与摩擦副相对滑摩速度高于某一扰动频率下的临界速度有关。

由图 2.3（a）可知，V 形曲线的低谷对应着最小临界速度，当无量纲扰动频率 $ma_2=0.26$ 时，出现最小临界速度 23 m/s。描述摩擦副热弹性不稳定性现象的一个重要参数是最小临界速度，系统处于恒定热弹性稳态的条件是摩擦副相对滑摩速度比最小临界速度低；当摩擦元件的滑摩速度大于最小临界速度 23 m/s 时，根据对偶钢片半厚度为 0.4 mm，当扰动频率为 653 m⁻¹ 时，系统进入热弹性不稳定性状态。

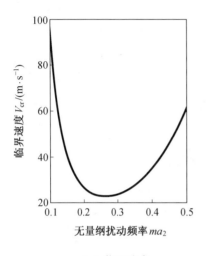

（a）临界速度

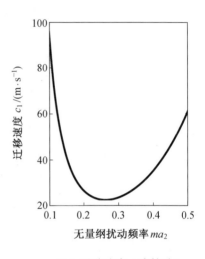

（b）迁移速度（摩擦片）

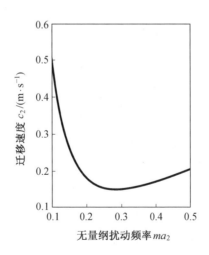

（c）迁移速度（对偶钢片）

图 2.3　对称-反对称模态热弹性不稳定性临界速度与迁移速度

由图 2.3（b）可知，摩擦片上的迁移速度曲线与临界速度曲线相似，即扰动迁移速度比较大，说明在摩擦片上，扰动移动很快。例如，当扰动频率为 340 m^{-1} 时，临界速度约为 50.06 m/s，扰动相对于摩擦片的迁移速度约为 50.03 m/s，二者几乎相等。

由图 2.3（c）可知，扰动相对于对偶钢片的迁移速度很小，例如，当扰动频率为 653 m^{-1} 时，扰动在对偶钢片上的迁移速度约为 0.31 m/s。在一对摩擦副中，导热系数较高的材料上扰动的迁移速度较慢，由于热点在扰动迁移速度较低的摩擦元件上更容易出现，因此对偶钢片更容易因为热弹性不稳定性而失效。用 Peclet 数来表示材料出现热点的可能性，其定义为

$$Pe = \frac{c}{mk} \tag{2.125}$$

式中，Pe 为 Peclet（贝克来）数；c 为迁移速度；k 为材料热扩散系数。

材料的 Peclet 数的绝对值越小，在系统处于热弹性不稳定性状态时，出现热点的可能性越大。

2.3　反对称-反对称模态研究

在 2.2 节建立的模型中，通过初始扰动相对于摩擦片中线呈对称分布的假设计算了热弹性不稳定性临界速度与扰动迁移速度。基于 2.2 节建立的理论模型，研究初始扰动相对于摩擦片中线呈反对称分布时系统的热弹性不稳定性临界速度与扰动迁移速度。

2.3.1　边界条件

可以通过与 2.2 节类似的方法建立摩擦片和钢片都反对称的热弹性不稳定性理论模型，摩擦片反对称时其边界条件与对称时不同，因此材料 1 和材料 3 的温度场、热流密度、热弹性应变和应力的扰动表达式将改变。对偶钢片依然是反对称模态，所以材料 2 的各物理场参数的表达式不变。当初始扰动关于摩擦片反对称分布时，其高温区与低温区将沿其中线呈对称分布，中线处的温度场扰动为零，由此可得边

界条件表达式:

$$T_3\big|_{z_3-a_3} = 0 \tag{2.126}$$

将温度场扰动表达式（2.33）代入式（2.126）中，经化简可以求得

$$F_3 = -G_3 \exp(2\lambda_3 a_3) \tag{2.127}$$

将式（2.42）和式（2.127）与式（2.36）、式（2.38）和式（2.40）联立，可得材料 1 和材料 3 的温度场扰动表达式:

$$T_1 = \mathrm{Re}\left\{ \frac{\lambda_1 K_1 \sinh(\lambda_3 a_3)\cosh(\lambda_1(a_1-z)) + \lambda_3 K_3 \cosh(\lambda_3 a_3)\sinh(\lambda_1(a_1-z))}{\lambda_1 K_1 \sinh(\lambda_3 a_3)\cosh(\lambda_1 a_1) + \lambda_3 K_3 \cosh(\lambda_3 a_3)\sinh(\lambda_1 a_1)} \cdot \right.$$
$$\left. T_0 \exp(bt+\mathrm{i}mx) \right\} \tag{2.128}$$

$$T_3 = \mathrm{Re}\left\{ \frac{\lambda_1 K_1 \sinh(\lambda_3(a_3+a_1-z))}{\lambda_1 K_1 \sinh(\lambda_3 a_3)\cosh(\lambda_1 a_1) + \lambda_3 K_3 \cosh(\lambda_3 a_3)\sinh(\lambda_1 a_1))} T_0 \exp(bt+\mathrm{i}mx) \right\} \tag{2.129}$$

材料 2 的温度场扰动表达式为（2.46），其中 $T_0 = 2G_2 \sinh(\lambda_2 a_2)$。

将材料 1 和材料 3 的温度场扰动表达式（2.128）和表达式（2.129）分别代入式（2.34），可得材料 1 和材料 3 内部沿 z 轴方向的热流密度扰动表达式:

$$q_1 = \mathrm{Re}\left\{ \lambda_1 K_1 \frac{\lambda_1 K_1 \sinh(\lambda_3 a_3)\sinh(\lambda_1(a_1-z)) + \lambda_3 K_3 \cosh(\lambda_3 a_3)\cosh(\lambda_1(a_1-z))}{\lambda_1 K_1 \sinh(\lambda_3 a_3)\cosh(\lambda_1 a_1) + \lambda_3 K_3 \cosh(\lambda_3 a_3)\sinh(\lambda_1 a_1)} \cdot \right.$$
$$\left. T_0 \exp(bt+\mathrm{i}mx) \right\} \tag{2.130}$$

$$q_3 = \mathrm{Re}\left\{ \lambda_3 K_3 \frac{\lambda_1 K_1 \sinh(\lambda_3(a_3+a_1-z))}{\lambda_1 K_1 \cosh(\lambda_3 a_3)\sinh(\lambda_1 a_1) + \lambda_3 K_3 \cosh(\lambda_3 a_3)\sinh(\lambda_1 a_1))} \cdot \right.$$
$$\left. T_0 \exp(bt+\mathrm{i}mx) \right\} \tag{2.131}$$

材料 2 内部沿 z 轴方向的热流密度扰动表达式为（2.49）。

将式（2.21）、式（2.49）和式（2.130）分别代入式（2.35），可得摩擦副处的能量平衡方程：

$$\mathrm{Re}\left\{\left[\lambda_1 K_1 \frac{\lambda_1 K_1 \sinh(\lambda_3 a_3)\sinh(\lambda_1 a_1) + \lambda_3 K_3 \cosh(\lambda_3 a_3)\cosh(\lambda_1 a_1)}{\lambda_1 K_1 \sinh(\lambda_3 a_3)\cosh(\lambda_1 a_1) + \lambda_3 K_3 \cosh(\lambda_3 a_3)\sinh(\lambda_1 a_1)} + \right.\right.$$

（2.132）

$$\left.\left. \lambda_2 K_2 \coth(\lambda_2 a_2)\right] T_0 \exp(bt + \mathrm{i}mx)\right\} = \mathrm{Re}\{fVp_0 \exp(bt + \mathrm{i}mx)\}$$

由于式（2.132）对于任意 x、t 均成立，所以滑摩表面的能量平衡方程可以化简为

$$\left[\lambda_1 K_1 \frac{\lambda_1 K_1 \sinh(\lambda_3 a_3)\sinh(\lambda_1 a_1) + \lambda_3 K_3 \cosh(\lambda_3 a_3)\cosh(\lambda_1 a_1)}{\lambda_1 K_1 \sinh(\lambda_3 a_3)\cosh(\lambda_1 a_1) + \lambda_3 K_3 \cosh(\lambda_3 a_3)\sinh(\lambda_1 a_1)} + \right.$$

（2.133）

$$\left. \lambda_2 K_2 \coth(\lambda_2 a_2)\right] T_0 = fVp_0$$

2.3.2 应力与变形

将材料 1 和材料 3 的温度场扰动表达式（2.128）和表达式（2.129）分别代入表达式（2.53），可以求得两种材料热弹性变形与应力特解对应的势函数表达式：

$$\psi_1 = \mathrm{Re}\left\{ \frac{\lambda_1 K_1 \sinh(\lambda_3 a_3)\cosh(\lambda_1(a_1 - z)) + \lambda_3 K_3 \cosh(\lambda_3 a_3)\sinh(\lambda_1(a_1 - z))}{\lambda_1 K_1 \sinh(\lambda_3 a_3)\cosh(\lambda_1 a_1) + \lambda_3 K_3 \cosh(\lambda_3 a_3)\sinh(\lambda_1 a_1)} \cdot \right.$$

（2.134）

$$\left. \frac{\beta_1 T_0}{\lambda_1^2 - m^2} \times \exp(bt + \mathrm{i}mx)\right\}$$

$$\psi_3 = \mathrm{Re}\left\{ \frac{\lambda_1 K_1 \sinh(\lambda_3(a_3 + a_1 - z))}{\lambda_1 K_1 \sinh(\lambda_3 a_3)\cosh(\lambda_1 a_1) + \lambda_3 K_3 \cosh(\lambda_3 a_3)\sinh(\lambda_1 a_1)} \cdot \right.$$

（2.135）

$$\left. \frac{\beta_3 T_0}{\lambda_3^2 - m^2} \times \exp(bt + \mathrm{i}mx)\right\}$$

材料 2 热弹性变形与应力特解对应的势函数表达式依然是（2.56）。

将表达式（2.134）和表达式（2.135）分别代入式（2.58），可以求得材料 1 和材料 3 热弹性变形与应力的特解。

材料 1：

$$u'_{x1} = \text{Re}\left\{\frac{\lambda_1 K_1 \sinh(\lambda_3 a_3)\cosh(\lambda_1(a_1 - z)) + \lambda_3 K_3 \cosh(\lambda_3 a_3)\sinh(\lambda_1(a_1 - z))}{\lambda_1 K_1 \sinh(\lambda_3 a_3)\cosh(\lambda_1 a_1) + \lambda_3 K_3 \cosh(\lambda_3 a_3)\sinh(\lambda_1 a_1)} \cdot \right.$$
$$\left. \frac{\text{i}m\beta_1 T_0}{2\mu_1(\lambda_1^2 - m^2)}\exp(bt + \text{i}mx)\right\} \tag{2.136}$$

$$u'_{z1} = \text{Re}\left\{\frac{\lambda_1 K_1 \sinh(\lambda_3 a_3)\sinh(\lambda_1(a_1 - z)) + \lambda_3 K_3 \cosh(\lambda_3 a_3)\cosh(\lambda_1(a_1 - z))}{\lambda_1 K_1 \sinh(\lambda_3 a_3)\cosh(\lambda_1 a_1) + \lambda_3 K_3 \cosh(\lambda_3 a_3)\sinh(\lambda_1 a_1)} \cdot \right.$$
$$\left. \frac{-\lambda_1 \beta_1 T_0}{2\mu_1(\lambda_1^2 - m^2)}\exp(bt + \text{i}mx)\right\} \tag{2.137}$$

$$\sigma'_{zz1} = \text{Re}\left\{\frac{\lambda_1 K_1 \sinh(\lambda_3 a_3)\cosh(\lambda_1(a_1 - z)) + \lambda_3 K_3 \cosh(\lambda_3 a_3)\sinh(\lambda_1(a_1 - z))}{\lambda_1 K_1 \sinh(\lambda_3 a_3)\cosh(\lambda_1 a_1) + \lambda_3 K_3 \cosh(\lambda_3 a_3)\sinh(\lambda_1 a_1)} \cdot \right.$$
$$\left. \frac{m^2 \beta_1 T_0}{\lambda_1^2 - m^2}\exp(bt + \text{i}mx)\right\} \tag{2.138}$$

$$\sigma'_{xz1} = \text{Re}\left\{\frac{\lambda_1 K_1 \sinh(\lambda_3 a_3)\sinh(\lambda_1(a_1 - z)) + \lambda_3 K_3 \cosh(\lambda_3 a_3)\cosh(\lambda_1(a_1 - z))}{\lambda_1 K_1 \sinh(\lambda_3 a_3)\cosh(\lambda_1 a_1) + \lambda_3 K_3 \cosh(\lambda_3 a_3)\sinh(\lambda_1 a_1)} \cdot \right.$$
$$\left. \frac{-\text{i}m\lambda_1 \beta_1 T_0}{\lambda_1^2 - m^2}\exp(bt + \text{i}mx)\right\} \tag{2.139}$$

材料 3：

$$u'_{x3} = \text{Re}\left\{\frac{\lambda_1 K_1 \sinh(\lambda_3(a_3 + a_1 - z))}{\lambda_1 K_1 \sinh(\lambda_3 a_3)\cosh(\lambda_1 a_1) + \lambda_3 K_3 \cosh(\lambda_3 a_3)\sinh(\lambda_1 a_1))} \cdot \right.$$
$$\left. \frac{\text{i}m\beta_3 T_0}{2\mu_3(\lambda_3^2 - m^2)}\exp(bt + \text{i}mx)\right\} \tag{2.140}$$

$$u'_{z3} = \text{Re}\left\{\frac{\lambda_1 K_1 \cosh(\lambda_3(a_3 + a_1 - z))}{\lambda_1 K_1 \sinh(\lambda_3 a_3)\cosh(\lambda_1 a_1) + \lambda_3 K_3 \cosh(\lambda_3 a_3)\sinh(\lambda_1 a_1))} \cdot \right.$$
$$\left. \frac{-\lambda_3 \beta_3 T_0}{2\mu_3(\lambda_3^2 - m^2)}\exp(bt + \text{i}mx)\right\} \tag{2.141}$$

$$\sigma'_{zz3} = \mathrm{Re}\left\{\frac{\lambda_1 K_1 \sinh(\lambda_3(a_3 + a_1 - z))}{\lambda_1 K_1 \sinh(\lambda_3 a_3)\cosh(\lambda_1 a_1) + \lambda_3 K_3 \cosh(\lambda_3 a_3)\sinh(\lambda_1 a_1)}\cdot \right.$$
$$\left.\frac{m^2 \beta_3 T_0}{\lambda_3^2 - m^2}\exp(bt + imx)\right\} \tag{2.142}$$

$$\sigma'_{xz3} = \mathrm{Re}\left\{\frac{\lambda_1 K_1 \cosh(\lambda_3(a_3 + a_1 - z))}{\lambda_1 K_1 \sinh(\lambda_3 a_3)\cosh(\lambda_1 a_1) + \lambda_3 K_3 \cosh(\lambda_3 a_3)\sinh(\lambda_1 a_1)}\cdot \right.$$
$$\left.\frac{-im\lambda_3 \beta_3 T_0}{\lambda_3^2 - m^2}\exp(bt + imx)\right\} \tag{2.143}$$

材料 2 热弹性变形与应力特解依然是表达式（2.63）～（2.66）。

当材料 3 为反对称模态时，其高温区与低温区将沿其中线呈对称分布，中线处沿 x 轴方向的热弹性变形与沿 z 轴方向的正应力均为零：

$$u''_{x3}\big|_{z=a_1+a_3} = 0, \quad \sigma''_{zz3}\big|_{z=a_1+a_3} = 0 \tag{2.144}$$

将材料 3 的调和函数表达式（2.77）和表达式（2.78）分别代入表达式（2.71）和表达式（2.73）中，应用边界条件表达式（2.144）可以将材料 3 的调和函数表达式简化为

$$\phi_3 = \mathrm{Re}\{[A_3 \sinh(m(a_1 + a_3 - z)) - a_3 B_3 \exp(m(a_1 + a_3 - z))]\exp(bt + imx)\} \tag{2.145}$$

$$w_3 = \mathrm{Re}\{[B_3 \cosh(m(a_1 + a_3 - z))]\exp(bt + imx)\} \tag{2.146}$$

材料 1 和材料 2 的调和函数分别是表达式（2.85）～（2.86）和表达式（2.80）～（2.81）。

将材料 3 的调和函数分别代入式（2.71）～（2.74），可以求得材料 3 的热弹性应力与变形的等温解表达式：

$$u''_{x3} = \mathrm{Re}\left\{[A_3 \sinh(m(a_1 + a_3 - z)) - a_3 B_3 \exp(m(a_1 + a_3 - z)) + \right.$$
$$\left.(z - a_1)B_3 \cosh(m(z - a_1 - a_3))]\frac{im}{2\mu_3}\exp(bt + imx)\right\} \tag{2.147}$$

$$u''_{z3} = \text{Re}\left\{[-mA_3\cosh(m(a_1+a_3-z)) + ma_3B_3\exp(m(a_1+a_3-z)) -\right.$$

$$m(z-a_1)B_3\sinh(m(a_1+a_3-z)) - (3-4v_3)B_3\cosh(m(a_1+a_3-z))]\cdot \qquad （2.148）$$

$$\left.\frac{1}{2\mu_3}\exp(bt+imx)\right\}$$

$$\sigma''_{zz3} = \text{Re}\{m[mA_3\sinh(m(a_1+a_3-z)) - ma_3B_3\exp(m(a_1+a_3-z)) +$$

$$m(z-a_1)B_3\cosh(m(a_1+a_3-z)) + 2(1-v_3)B_3\sinh(m(a_1+a_3-z))]\cdot \qquad （2.149）$$

$$\exp(bt+imx)\}$$

$$\sigma'_{xz3} = \text{Re}\{-im[mA_3\cosh(m(a_1+a_3-z)) - ma_3B_3\exp(m(a_1+a_3-z)) +$$

$$m(z-a_1)B_3\sinh(m(a_1+a_3-z)) + (1-2v_3)B_3\cosh(m(a_1+a_3-z))]\cdot \qquad （2.150）$$

$$\exp(bt+imx)\}$$

材料 1 和材料 2 的热弹性应力与变形的等温解依然是表达式（2.87）～（2.94）。弹性变形与应力的通解可以通过热弹性变形与应力的特解和等温解相加来得到。

2.3.3　平衡方程

将材料 1 和材料 3 热弹性变形和应力的通解代入 $z=a_1$ 时的边界条件表达式（2.99），方程对于任意 x、t 均成立，所以可以将方程两边的 $\text{Re}\{\exp(bt+imx)\}$ 同时约去，得到如下平衡方程：

$$[(A_1\exp(-ma_1) + B_1\exp(ma_1)) + a_1(C_1\exp(-ma_1) + D_1\exp(ma_1))]\frac{im}{2\mu_1} +$$

$$\frac{\lambda_1K_1\sinh(\lambda_3a_3)}{\lambda_1K_1\sinh(\lambda_3a_3)\cosh(\lambda_1a_1) + \lambda_3K_3\cosh(\lambda_3a_3)\sinh(\lambda_1a_1)}\cdot\frac{im\beta_1T_0}{2\mu_1(\lambda_1^2-m^2)} =$$

$$\qquad （2.151）$$

$$[A_3\sinh(ma_3) - a_3B_3\exp(ma_3)]\frac{im}{2\mu_3} +$$

$$\frac{\lambda_1K_1\sinh(\lambda_3a_3)}{\lambda_1K_1\sinh(\lambda_3a_3)\cosh(\lambda_1a_1) + \lambda_3K_3\cosh(\lambda_3a_3)\sinh(\lambda_1a_1)}\cdot\frac{im\beta_3T_0}{2\mu_3(\lambda_3^2-m^2)}$$

$$[-m(A_1 \exp(-ma_1) - B_1 \exp(ma_1)) - ma_1(C_1 \exp(-ma_1) - D_1 \exp(ma_1)) -$$

$$(3 - 4\nu_1)(C_1 \exp(-ma_1) + D_1 \exp(ma_1))]\frac{1}{2\mu_1} +$$

$$\frac{\lambda_3 K_3 \cosh(\lambda_3 a_3)}{\lambda_1 K_1 \sinh(\lambda_3 a_3)\cosh(\lambda_1 a_1) + \lambda_3 K_3 \cosh(\lambda_3 a_3)\sinh(\lambda_1 a_1)} \cdot \frac{-\lambda_1 \beta_1 T_0}{2\mu_1(\lambda_1^2 - m^2)} = \qquad (2.152)$$

$$[-mA_3 \cosh(ma_3) + ma_3 B_3 \exp(ma_3) - (3 - 4\nu_3)B_3 \cosh(ma_3)]\frac{1}{2\mu_3} +$$

$$\frac{\lambda_1 K_1 \cosh(\lambda_3 a_3)}{\lambda_1 K_1 \sinh(\lambda_3 a_3)\cosh(\lambda_1 a_1) + \lambda_3 K_3 \cosh(\lambda_3 a_3)\sinh(\lambda_1 a_1)} \cdot \frac{-\lambda_3 \beta_3 T_0}{2\mu_3(\lambda_3^2 - m^2)}$$

$$m[m(A_1 \exp(-ma_1) + B_1 \exp(ma_1)) + ma_1(C_1 \exp(-ma_1) + D_1 \exp(ma_1)) +$$

$$2(1 - \nu_1)(C_1 \exp(-ma_1) - D_1 \exp(ma_1))] +$$

$$\frac{\lambda_1 K_1 \sinh(\lambda_3 a_3)}{\lambda_1 K_1 \sinh(\lambda_3 a_3)\cosh(\lambda_1 a_1) + \lambda_3 K_3 \cosh(\lambda_3 a_3)\sinh(\lambda_1 a_1)} \cdot \frac{m^2 \beta_1 T_0}{\lambda_1^2 - m^2} = \qquad (2.153)$$

$$m[mA_3 \sinh(ma_3) - ma_3 B_3 \exp(ma_3) + 2(1 - \nu_3)B_3 \sinh(ma_3)] +$$

$$\frac{\lambda_1 K_1 \sinh(\lambda_3 a_3)}{\lambda_1 K_1 \sinh(\lambda_3 a_3)\cosh(\lambda_1 a_1) + \lambda_3 K_3 \cosh(\lambda_3 a_3)\sinh(\lambda_1 a_1)} \cdot \frac{m^2 \beta_3 T_0}{\lambda_3^2 - m^2}$$

$$-im[m(A_1 \exp(-ma_1) - B_1 \exp(ma_1)) + ma_1(C_1 \exp(-ma_1) -$$

$$D_1 \exp(ma_1)) + (1 - 2\nu_1)(C_1 \exp(-ma_1) + D_1 \exp(ma_1))] +$$

$$\frac{\lambda_3 K_3 \cosh(\lambda_3 a_3)}{\lambda_1 K_1 \sinh(\lambda_3 a_3)\cosh(\lambda_1 a_1) + \lambda_3 K_3 \cosh(\lambda_3 a_3)\sinh(\lambda_1 a_1)} \cdot \frac{-im\lambda_1 \beta_1 T_0}{\lambda_1^2 - m^2} = \qquad (2.154)$$

$$-im[mA_3 \cosh(ma_3) - ma_3 B_3 \exp(ma_3) + (1 - 2\nu_3)B_3 \cosh(ma_3)] +$$

$$\frac{\lambda_1 K_1 \cosh(\lambda_3 a_3)}{\lambda_1 K_1 \sinh(\lambda_3 a_3)\cosh(\lambda_1 a_1) + \lambda_3 K_3 \cosh(\lambda_3 a_3)\sinh(\lambda_1 a_1)} \cdot \frac{-im\lambda_3 \beta_3 T_0}{\lambda_3^2 - m^2}$$

将材料 1 和材料 2 热弹性变形和应力的通解代入 $z=0$ 时的边界条件表达式 (2.104)，方程对于任意 x、t 均成立，所以可以将方程两边的 $\mathrm{Re}\{\exp(bt + imx)\}$ 同时约去，得到的平衡方程如下：

$$-\frac{m}{2\mu_1}(A_1-B_1)-\frac{3-4\nu_1}{2\mu_1}(C_1+D_1)+$$

$$\frac{\lambda_1 K_1 \sinh(\lambda_3 u_3)\sinh(\lambda_1 a_1)+\lambda_3 K_3 \cosh(\lambda_3 a_3)\cosh(\lambda_1 a_1)}{\lambda_1 K_1 \sinh(\lambda_3 a_3)\cosh(\lambda_1 a_1)+\lambda_3 K_3 \cosh(\lambda_3 a_3)\sinh(\lambda_1 a_1)}\cdot\frac{-\lambda_1\beta_1 T_0}{2\mu_1(\lambda_1^2-m^2)}=$$

$$[mA_2\cosh(ma_2)+ma_2 B_2 \sinh(ma_2)-(3-4\nu_2)B_2\cosh(ma_2)]\frac{1}{2\mu_2}+ \tag{2.155}$$

$$\frac{\lambda_2\beta_2 T_0}{2\mu_2(\lambda_2^2-m^2)}\coth(\lambda_2 a_2)$$

$$m[m(A_1+B_1)+2(1-\nu_1)(C_1-D_1)]+\frac{m^2\beta_1 T_0}{\lambda_1^2-m^2}=-p_0 \tag{2.156}$$

$$m[mA_2\sinh(ma_2)+ma_2 B_2\cosh(ma_2)-2(1-\nu_2)B_2\sinh(ma_2)]+\frac{m^2\beta_2 T_0}{\lambda_2^2-m^2}=-p_0 \tag{2.157}$$

$$-im[m(A_1-B_1)+(1-2\nu_1)(C_1+D_1)]+$$

$$\frac{\lambda_1 K_1 \sinh(\lambda_3 a_3)\sinh(\lambda_1 a_1)+\lambda_3 K_3 \cosh(\lambda_3 a_3)\cosh(\lambda_1 a_1)}{\lambda_1 K_1 \sinh(\lambda_3 a_3)\cosh(\lambda_1 a_1)+\lambda_3 K_3 \cosh(\lambda_3 a_3)\sinh(\lambda_1 a_1)}\cdot\frac{-im\lambda_1\beta_1 T_0}{\lambda_1^2-m^2}=-fp_0 \tag{2.158}$$

$$im[(mA_2\cosh(ma_2)+ma_2 B_2\sinh(ma_2)-(1-2\nu_2)B_2\cosh(ma_2)]+$$

$$\frac{im\lambda_2\beta_2 T_0}{\lambda_2^2-m^2}\coth(\lambda_2 a_2)=-fp_0 \tag{2.159}$$

2.3.4 系统矩阵与临界速度

将式（2.133）和式（2.151）～（2.159）改写为矩阵形式：

$$\boldsymbol{L}_{aa}\boldsymbol{X}_{aa}=0 \tag{2.160}$$

式中，$\boldsymbol{L}_{aa}$ 为系统热弹性不稳定性矩阵；$\boldsymbol{X}_{aa}$ 为未知数向量。

$$\boldsymbol{L}_{aa}=[L_{aa1}\quad L_{aa2}\quad\cdots\quad L_{aa10}] \tag{2.161}$$

$$\boldsymbol{X}_{aa}=[A_1\quad B_1\quad C_1\quad D_1\quad A_2\quad B_2\quad A_3\quad B_3\quad p_0\quad T_0]^{\mathrm{T}} \tag{2.162}$$

$$\boldsymbol{L}_{aa1} = \boldsymbol{L}_{sa1} \ , \quad \boldsymbol{L}_{aa2} = \boldsymbol{L}_{sa2} \ , \quad \boldsymbol{L}_{aa3} = \boldsymbol{L}_{sa3} \ , \quad \boldsymbol{L}_{aa4} = \boldsymbol{L}_{sa4} \ ,$$

$$\boldsymbol{L}_{aa5} = \boldsymbol{L}_{sa5} \ , \quad \boldsymbol{L}_{aa6} = \boldsymbol{L}_{sa6} \ , \quad \boldsymbol{L}_{aa9} = \boldsymbol{L}_{sa9} \tag{2.163}$$

$$\boldsymbol{L}_{aa7} = \left[0 \quad 0 \quad 0 \quad 0 \quad 0 \quad 0 \quad -\frac{im}{2\mu_3}\sinh(ma_3) \right.$$

$$\left. \frac{m}{2\mu_3}\cosh(ma_3) - m^2\sinh(ma_3) \quad im^2\cosh(ma_3) \right]^{\mathrm{T}} \tag{2.164}$$

$$\boldsymbol{L}_{aa8} = \left[0 \quad 0 \quad 0 \quad 0 \quad 0 \quad 0 \quad \frac{ima_3}{2\mu_3}\exp(ma_3) \right.$$

$$\frac{1}{2\mu_3}(-ma_3\exp(ma_3) + (3 - 4\nu_3)\cosh(ma_3))$$

$$m(ma_3\exp(ma_3) - 2(1 - \nu_3)\sinh(ma_3)) - \tag{2.165}$$

$$\left. im(ma_3\exp(ma_3) - (1 - 2\nu_3)\cosh(ma_3)) \right]^{\mathrm{T}}$$

$$L_{aa10} = \left[\frac{-\lambda_1\beta_1}{2\mu_1(\lambda_1^2 - m^2)} \cdot \frac{S_4}{S_3} - \frac{\lambda_2\beta_2}{2\mu_2(\lambda_2^2 - m^2)}\coth(\lambda_2 a_2) \quad \frac{m^2\beta_1}{\lambda_1^2 - m^2} \quad \frac{-im\lambda_1\beta_1}{\lambda_1^2 - m^2} \cdot \frac{S_4}{S_3} \right.$$

$$\frac{m^2\beta_2}{\lambda_2^2 - m^2} \quad \frac{im\lambda_2\beta_2}{\lambda_2^2 - m^2}\coth(\lambda_2 a_2) \quad \lambda_1 K_1\frac{S_4}{S_3} + \lambda_2 K_2\coth(\lambda_2 a_2)$$

$$\left(\frac{\beta_1}{2\mu_1(\lambda_1^2 - m^2)} - \frac{\beta_3}{2\mu_3(\lambda_3^2 - m^2)}\right)\frac{im\lambda_1 K_1\sinh(\lambda_3 a_3)}{S_3}$$

$$\left(\frac{-K_3\beta_1}{2\mu_1(\lambda_1^2 - m^2)} + \frac{K_1\beta_3}{2\mu_3(\lambda_3^2 - m^2)}\right)\frac{\lambda_1\lambda_3\cosh(\lambda_3 a_3)}{S_3} \tag{2.166}$$

$$\left(\frac{\beta_1}{\lambda_1^2 - m^2} - \frac{\beta_3}{\lambda_3^2 - m^2}\right)\frac{m^2\lambda_1 K_1\sinh(\lambda_3 a_3)}{S_3}$$

$$\left.\left(\frac{-K_3\beta_1}{\lambda_1^2 - m^2} + \frac{K_1\beta_3}{\lambda_3^2 - m^2}\right)\frac{im\lambda_1\lambda_3\cosh(\lambda_3 a_3)}{S_3} \right]^{\mathrm{T}}$$

表达式（2.166）中的自定义参数 S_3 和 S_4：

$$S_3 = \lambda_1 K_1 \sinh(\lambda_3 a_3) \cosh(\lambda_1 a_1) + \lambda_3 K_3 \cosh(\lambda_3 a_3) \sinh(\lambda_1 a_1) \qquad (2.167)$$

$$S_4 = \lambda_1 K_1 \sinh(\lambda_3 a_3) \sinh(\lambda_1 a_1) + \lambda_3 K_3 \cosh(\lambda_3 a_3) \cosh(\lambda_1 a_1) \qquad (2.168)$$

令系数矩阵的行列式等于零，即 $|\boldsymbol{L}_{aa}| = 0$，应用与 2.2.4 节相同方法，可以求解二元方程组得到临界速度 v 与其对应的迁移速度 c_1、c_2。计算过程中材料参数见表 2.1。根据图 2.4（a）可知，材料厚度一定的情况下，反对称-反对称模态扰动频率的变化会引起临界速度的变化，例如，如果离合器的半径为 294 mm、热点数为 110，扰动频率为 374 m^{-1} 时，临界速度约为 48 m/s；当扰动频率为 476 m^{-1} 时，临界速度约为 32 m/s；两种频率对应的临界速度相差 1.5 倍。所以，影响摩擦副热弹性不稳定性临界速度的一个重要参数是初始扰动。

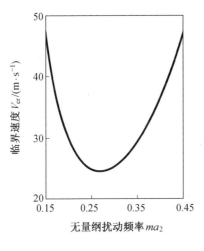

（a）临界速度

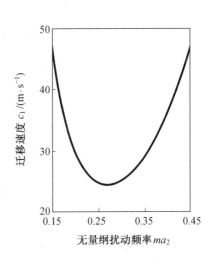

（b）迁移速度（摩擦片）

图 2.4　反对称-反对称模态热弹性不稳定性临界速度与迁移速度

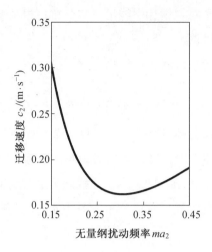

（c）迁移速度（对偶钢片）

续图 2.4

反对称-反对称模态下的热弹性不稳定性临界速度曲线同样存在最低点，当扰动频率为 673 m^{-1} 时，反对称-反对称模态下的热弹性不稳定性临界速度为 24.66 m/s，为临界速度曲线的最低点。由图 2.4（b）和（c）可知，在反对称-反对称模态下，摩擦材料上的扰动会快速移动，与对称-反对称模态类似，迁移速度基本与热弹性不稳定性临界速度一致，例如，当扰动频率为 1 000 m^{-1} 时，热弹性不稳定性 临界速度为 36.73 m/s，迁移速度 c_1 为 36.56 m/s。相比于反对称-反对称模态，对称-反对称模态下的扰动相对于对偶钢片的迁移速度更小，而对偶钢片的 Peclet 数更小，对偶钢片更容易出现热点。

2.4　对称-对称模态研究

在 2.2 节和 2.3 节建立的模型中，假设初始扰动相对于对偶钢片中线呈反对称分布，并在此基础上分别求解了摩擦片为对称模态和反对称模态时的热弹性不稳定性临界速度与扰动迁移速度。基于 2.2 节建立的理论模型，研究初始扰动相对于对偶钢片中线和摩擦片中线都呈对称分布时系统的热弹性不稳定性临界速度与扰动迁移速度。至于初始扰动相对于对偶钢片中线呈对称分布、相对于摩擦片中线呈反对称分布的情况，将在下一节讨论。

2.4.1　边界条件

采用与 2.2 节类似的方法建立对称-对称模态的热弹性不稳定性理论模型，对偶钢片对称时其边界条件与反对称时不同，所以材料 2 的温度场、热流密度、热弹性应变和应力的扰动表达式将改变。摩擦片依然是对称模态，所以材料 1 和材料 3 的各物理场参数的表达式与 2.2 节相同。当初始扰动关于对偶钢片呈对称分布时，其上下表面的高温区将关于其中线呈对称分布，中线处的热流密度扰动为零，由此可得边界条件表达式：

$$q_2\big|_{z_2=0} = 0 \qquad (2.169)$$

将材料 2 的温度场扰动表达式（2.28）代入边界条件表达式（2.169），可得

$$F_2 = G_2 \qquad (2.170)$$

将式（2.170）、式（2.44）与式（2.36）、式（2.38）、式（2.40）联立，可得 3 种材料的温度场扰动表达式：

$$T_1 = \mathrm{Re}\left\{\frac{\lambda_1 K_1 \cosh(\lambda_3 a_3)\cosh(\lambda_1(a_1-z)) + \lambda_3 K_3 \sinh(\lambda_3 a_3)\sinh(\lambda_1(a_1-z))}{\lambda_1 K_1 \cosh(\lambda_3 a_3)\cosh(\lambda_1 a_1) + \lambda_3 K_3 \sinh(\lambda_3 a_3)\sinh(\lambda_1 a_1)} \cdot \right.$$

$$\left. T_0 \exp(bt + \mathrm{i}mx)\right\} \qquad (2.171)$$

$$T_2 = \mathrm{Re}\left\{\frac{\cosh(\lambda_2(a_2 + z))}{\cosh(\lambda_2 a_2)} T_0 \exp(bt + \mathrm{i}mx)\right\} \qquad (2.172)$$

$$T_3 = \mathrm{Re}\left\{\frac{\lambda_1 K_1 \cosh(\lambda_3(a_3 + a_1 - z))}{\lambda_1 K_1 \cosh(\lambda_3 a_3)\cosh(\lambda_1 a_1) + \lambda_3 K_3 \sinh(\lambda_3 a_3)\sinh(\lambda_1 a_1)} T_0 \exp(bt + \mathrm{i}mx)\right\} \quad (2.173)$$

式中，$T_0 = 2G_2 \cosh(\lambda_2 a_2)$。

将 3 种材料的温度场扰动表达式（2.171）～（2.173）分别代入式（2.34），可得 3 种材料内部沿 z 轴方向的热流密度扰动表达式：

$$q_1 = \mathrm{Re}\left\{ \lambda_1 K_1 \frac{\lambda_1 K_1 \cosh(\lambda_3 a_3)\sinh(\lambda_1(a_1-z)) + \lambda_3 K_3 \sinh(\lambda_3 a_3)\cosh(\lambda_1(a_1-z))}{\lambda_1 K_1 \cosh(\lambda_3 a_3)\cosh(\lambda_1 a_1) + \lambda_3 K_3 \sinh(\lambda_3 a_3)\sinh(\lambda_1 a_1)} \cdot \right.$$

$$\left. T_0 \exp(bt+imx) \right\} \tag{2.174}$$

$$q_2 = \mathrm{Re}\left\{ -\lambda_2 K_2 \frac{\sinh(\lambda_2(a_2+z))}{\cosh(\lambda_2 a_2)} T_0 \exp(bt+imx) \right\} \tag{2.175}$$

$$q_3 = \mathrm{Re}\left\{ \lambda_3 K_3 \frac{\lambda_1 K_1 \sinh(\lambda_3(a_3+a_1-z))}{\lambda_1 K_1 \cosh(\lambda_3 a_3)\cosh(\lambda_1 a_1) + \lambda_3 K_3 \sinh(\lambda_3 a_3)\sinh(\lambda_1 a_1)} \cdot \right.$$

$$\left. T_0 \exp(bt+imx) \right\} \tag{2.176}$$

将式（2.21）、式（2.174）、式（2.175）分别代入式（2.35），方程对于任意 x、t 均成立，所以可以将方程两边的 $\mathrm{Re}\{\exp(bt+imx)\}$ 同时约去，可得摩擦副表面的能量平衡方程：

$$\left[\lambda_1 K_1 \frac{\lambda_1 K_1 \cosh(\lambda_3 a_3)\sinh(\lambda_1 a_1) + \lambda_3 K_3 \sinh(\lambda_3 a_3)\cosh(\lambda_1 a_1)}{\lambda_1 K_1 \cosh(\lambda_3 a_3)\cosh(\lambda_1 a_1) + \lambda_3 K_3 \sinh(\lambda_3 a_3)\sinh(\lambda_1 a_1)} + \right.$$

$$\left. \lambda_2 K_2 \tanh(\lambda_2 a_2) \right] T_0 = fVp_0 \tag{2.177}$$

对称-对称模态中材料 1 和材料 3 的温度场扰动表达式（2.171）和表达式（2.173）与对称-反对称模态中的表达式（2.45）和表达式（2.47）完全相同，只是 T_0 的含义不同，本节中 $T_0 = 2G_2 \cosh(\lambda_2 a_2)$，而 2.2 节中 $T_0 = 2G_2 \sinh(\lambda_2 a_2)$，但是这不影响后续推导中与材料 1 和材料 3 相关方程的形式，即材料 1 和材料 3 应力与变形的解，以及只与材料 1 和材料 3 相关的平衡方程与 2.2 节中所对应方程相同，只需求得材料 2 应力与变形的解，以及与材料 2 相关的平衡方程，即可得出对称-对称模态的系统矩阵与临界速度。

2.4.2　应力与变形

将材料 2 的温度场扰动表达式（2.172）代入表达式（2.53），可以求得材料 2 热弹性变形与应力特解对应的势函数表达式：

$$\psi_2 = \text{Re}\left\{ \frac{\cosh(\lambda_2(a_2+z))}{\cosh(\lambda_2 a_2)} \cdot \frac{\beta_2 T_0}{\lambda_2^2 - m^2} \exp(bt+imx) \right\} \tag{2.178}$$

材料 1 和材料 3 的热弹性变形与应力特解对应的势函数依然是表达式（2.55）和表达式（2.57）。

将表达式（2.178）代入表达式（2.58），可以求得材料 2 热弹性变形与应力的特解。

$$u'_{x2} = \text{Re}\left\{ \frac{\cosh(\lambda_2(a_2+z))}{\cosh(\lambda_2 a_2)} \cdot \frac{im\beta_2 T_0}{2\mu_2(\lambda_2^2 - m^2)} \exp(bt+imx) \right\} \tag{2.179}$$

$$u'_{z2} = \text{Re}\left\{ \frac{\sinh(\lambda_2(a_2+z))}{\cosh(\lambda_2 a_2)} \cdot \frac{\lambda_2\beta_2 T_0}{2\mu_2(\lambda_2^2 - m^2)} \exp(bt+imx) \right\} \tag{2.180}$$

$$\sigma'_{zz2} = \text{Re}\left\{ \frac{\cosh(\lambda_2(a_2+z))}{\cosh(\lambda_2 a_2)} \cdot \frac{m^2\beta_2 T_0}{\lambda_2^2 - m^2} \exp(bt+imx) \right\} \tag{2.181}$$

$$\sigma'_{xz2} = \text{Re}\left\{ \frac{\sinh(\lambda_2(a_2+z))}{\cosh(\lambda_2 a_2)} \cdot \frac{im\lambda_2\beta_2 T_0}{\lambda_2^2 - m^2} \exp(bt+imx) \right\} \tag{2.182}$$

材料 1 和材料 3 的热弹性变形与应力的特解依然是表达式（2.59）～表达式（2.62）和表达式（2.67）～表达式（2.70）。

当材料 2 为对称模态时，其上下表面的高温区将关于其中线对称分布，中线处沿 z 轴方向的热弹性变形与沿 x 轴方向的切应力均为零。

$$u''_{z2}\big|_{z=-a_2} = 0 , \quad \sigma''_{xz2}\big|_{z=-a_2} = 0 \tag{2.183}$$

将材料 2 的调和函数表达式（2.77）和表达式（2.78）分别代入表达式（2.72）和表达式（2.74）中，应用边界条件表达式（2.183）可以将材料 2 的调和函数表达式简化为

$$\phi_2 = \text{Re}\{[A_2 \cosh(m(z+a_2))]\exp(bt+imx)\} \tag{2.184}$$

$$w_2 = \text{Re}\{[B_2 \sinh(m(z+a_2))]\exp(bt+imx)\} \tag{2.185}$$

材料 1 和材料 3 的调和函数分别是表达式（2.85）、表达式（2.86）和表达式（2.83）、表达式（2.84）。

将材料 2 的调和函数表达式分别代入式（2.71）～（2.74）中，可以求得材料 2

的热弹性应力与变形的等温解。

$$u''_{x2} = \mathrm{Re}\Big\{[(A_2 \cosh(m(z+a_2)) + (z+a_2)B_2 \sinh(m(z+a_2)))] \cdot$$

$$\frac{\mathrm{i}m}{2\mu_2}\exp(bt+\mathrm{i}mx)\Big\} \tag{2.186}$$

$$u''_{z2} = \mathrm{Re}\Big\{[(mA_2 \sinh(m(z+a_2)) + m(z+a_2)B_2 \cosh(m(z+a_2)) -$$

$$(3-4\nu_2)B_2 \sinh(m(z+a_2))]\frac{1}{2\mu_2}\exp(bt+\mathrm{i}mx)\Big\} \tag{2.187}$$

$$\sigma''_{zz2} = \mathrm{Re}\{m[mA_2 \cosh(m(z+a_2)) + m(z+a_2)B_2 \sinh(m(z+a_2)) -$$

$$2(1-\nu_2)B_2 \cosh(m(z+a_2))]\exp(bt+\mathrm{i}mx)\} \tag{2.188}$$

$$\sigma''_{xz2} = \mathrm{Re}\{\mathrm{i}m[mA_2 \sinh(m(z+a_2)) + m(z+a_2)B_2 \cosh(m(z+a_2)) -$$

$$(1-2\nu_2)B_2 \sinh(m(z+a_2))]\exp(bt+\mathrm{i}mx)\} \tag{2.189}$$

材料 1 和材料 3 的热弹性应力与变形的等温解依然是表达式（2.87）～（2.90）及表达式（2.95）～（2.98）。

将热弹性变形与应力的特解与等温解相加可以求得热弹性变形与应力的通解。

2.4.3　平衡方程

将材料 1 和材料 2 的热弹性变形和应力的通解代入 $z=0$ 时的边界条件表达式（2.104），方程对于任意 x、t 均成立，所以可以将方程两边的 $\mathrm{Re}\{\exp(bt+\mathrm{i}mx)\}$ 同时约去，得到平衡方程：

$$-\frac{m}{2\mu_1}(A_1 - B_1) - \frac{3-4\nu_1}{2\mu_1}(C_1 + D_1) +$$

$$\frac{\lambda_1 K_1 \cosh(\lambda_3 a_3)\sinh(\lambda_1 a_1) + \lambda_3 K_3 \sinh(\lambda_3 a_3)\cosh(\lambda_1 a_1)}{\lambda_1 K_1 \cosh(\lambda_3 a_3)\cosh(\lambda_1 a_1) + \lambda_3 K_3 \sinh(\lambda_3 a_3)\sinh(\lambda_1 a_1)} \cdot \frac{-\lambda_1 \beta_1 T_0}{2\mu_1(\lambda_1^2 - m^2)} =$$

$$[mA_2 \sinh(ma_2) + ma_2 B_2 \cosh(ma_2) - (3-4\nu_2)B_2 \sinh(ma_2)]\frac{1}{2\mu_2} + \tag{2.190}$$

$$\frac{\lambda_2 \beta_2 T_0}{2\mu_2(\lambda_2^2 - m^2)}\tanh(\lambda_2 a_2)$$

$$m[m(A_1 + B_1) + 2(1 - \nu_1)(C_1 - D_1)] + \frac{m^2 \beta_1 T_0}{\lambda_1^2 - m^2} = -p_0 \tag{2.191}$$

$$m[mA_2 \cosh(ma_2) + ma_2 B_2 \sinh(ma_2) - 2(1 - \nu_2)B_2 \cosh(ma_2)] + \frac{m^2 \beta_2 T_0}{\lambda_2^2 - m^2} = -p_0 \tag{2.192}$$

$$-im[m(A_1 - B_1) + (1 - 2\nu_1)(C_1 + D_1)] +$$

$$\frac{\lambda_1 K_1 \cosh(\lambda_3 a_3)\sinh(\lambda_1 a_1) + \lambda_3 K_3 \sinh(\lambda_3 a_3)\cosh(\lambda_1 a_1)}{\lambda_1 K_1 \cosh(\lambda_3 a_3)\cosh(\lambda_1 a_1) + \lambda_3 K_3 \sinh(\lambda_3 a_3)\sinh(\lambda_1 a_1)} \cdot \frac{-im\lambda_1 \beta_1 T_0}{\lambda_1^2 - m^2} = -fp_0 \tag{2.193}$$

$$im[mA_2 \sinh(ma_2) + ma_2 B_2 \cosh(ma_2) - (1 - 2\nu_2)B_2 \sinh(ma_2)] +$$

$$\frac{im\lambda_2 \beta_2 T_0}{\lambda_2^2 - m^2} \tanh(\lambda_2 a_2) = -fp_0 \tag{2.194}$$

由于本节中材料 1 和材料 3 的应力与变形的解的形式与 2.2 节中完全相同，所以由 $z=a_1$ 时的边界条件表达式（2.99）所得出的平衡方程仍然是表达式（2.100）～（2.103）。

2.4.4 系统矩阵与临界速度

将式（2.177）、式（2.100）～（2.103）和式（2.190）～（2.194）改写为矩阵形式：

$$L_{ss} X_{ss} = 0 \tag{2.195}$$

式中，L_{ss} 为系统热弹性不稳定性矩阵；X_{ss} 为未知数向量。

$$L_{ss} = [L_{ss1} \quad L_{ss2} \quad \cdots \quad L_{ss10}] \tag{2.196}$$

$$X_{ss} = [A_1 \quad B_1 \quad C_1 \quad D_1 \quad A_2 \quad B_2 \quad A_3 \quad B_3 \quad p_0 \quad T_0]^{\mathrm{T}} \tag{2.197}$$

$$L_{ss1} = L_{sa1}, \quad L_{ss2} = L_{sa2}, \quad L_{ss3} = L_{sa3}, \quad L_{ss4} = L_{sa4},$$

$$L_{ss7} = L_{sa7}, \quad L_{ss8} = L_{sa8}, \quad L_{ss9} = L_{sa9} \tag{2.198}$$

$$L_{ss5} = \left[-\frac{m}{2\mu_2}\sinh(ma_2) \quad 0 \quad 0 \quad m^2\cosh(ma_2) \quad im^2\sinh(ma_2) \quad 0 \quad 0 \quad 0 \quad 0 \right]^{\mathrm{T}} \quad (2.199)$$

$$L_{ss6} = \left[-\frac{1}{2\mu_2}(ma_2\cosh(ma_2)-(3-4\nu_2)\sinh(ma_2)) \quad 0 \quad 0 \right.$$

$$m(ma_2\sinh(ma_2)-2(1-\nu_2)\cosh(ma_2)) \qquad (2.200)$$

$$\left. im(ma_2\cosh(ma_2)-(1-2\nu_2)\sinh(ma_2)) \quad 0 \quad 0 \quad 0 \quad 0 \quad 0 \right]^{\mathrm{T}}$$

$$L_{ss10} = \left[\frac{-\lambda_1\beta_1}{2\mu_1(\lambda_1^2-m^2)}\cdot\frac{S_2}{S_1} - \frac{\lambda_2\beta_2}{2\mu_2(\lambda_2^2-m^2)}\tanh(\lambda_2 a_2) \quad \frac{m^2\beta_1}{\lambda_1^2-m^2} \quad \frac{-im\lambda_1\beta_1}{\lambda_1^2-m^2}\frac{S_2}{S_1} \right.$$

$$\frac{m^2\beta_2}{\lambda_2^2-m^2} \quad \frac{im\lambda_2\beta_2}{\lambda_2^2-m^2}\tanh(\lambda_2 a_2) \quad \lambda_1 K_1\frac{S_2}{S_1}+\lambda_2 K_2\tanh(\lambda_2 a_2)$$

$$\left(\frac{\beta_1}{2\mu_1(\lambda_1^2-m^2)} - \frac{\beta_3}{2\mu_3(\lambda_3^2-m^2)}\right)\frac{im\lambda_1 K_1\cosh(\lambda_3 a_3)}{S_1}$$

$$\qquad (2.201)$$

$$\left(\frac{-K_3\beta_1}{2\mu_1(\lambda_1^2-m^2)} + \frac{K_1\beta_3}{2\mu_3(\lambda_3^2-m^2)}\right)\frac{\lambda_1\lambda_3\sinh(\lambda_3 a_3)}{S_1}$$

$$\left(\frac{\beta_1}{\lambda_1^2-m^2} - \frac{\beta_3}{\lambda_3^2-m^2}\right)\frac{m^2\lambda_1 K_1\cosh(\lambda_3 a_3)}{S_1}$$

$$\left. \left(\frac{-K_3\beta_1}{\lambda_1^2-m^2} + \frac{K_1\beta_3}{\lambda_3^2-m^2}\right)\frac{im\lambda_1\lambda_3\sinh(\lambda_3 a_3)}{S_1} \right]^{\mathrm{T}}$$

表达式（2.201）中的自定义参数 S_1、S_2 可由表达式（2.123）和表达式（2.124）求得。

令系数矩阵的行列式等于零，即 $|L_{sa}|=0$，应用与 2.2.4 节相同的方法，可以求解二元方程组得到临界速度 v 与其对应的迁移速度 c_1、c_2。

2.5 反对称-对称模态研究

在第 2.2～2.4 节的研究中，分别建立了摩擦片-对偶钢片呈对称-反对称模态、反对称-反对称模态、对称-对称模态下，摩擦副的热弹性不稳定性系统矩阵，并在此基础上求解了热弹性不稳定性临界速度与扰动迁移速度。基于前 3 节建立的理论模型，研究初始扰动相对于摩擦片中线呈反对称分布、相对于对偶钢片中线呈对称分布时，系统的热弹性不稳定性临界速度与扰动迁移速度。

2.5.1 边界条件

当初始扰动关于摩擦片反对称分布时，其高温区与低温区将沿其中线呈对称分布，中线处的温度场扰动为零，由此可得边界条件表达式（2.126）及式（2.127）。当初始扰动关于对偶钢片呈对称分布时，其上下表面的高温区将关于其中线呈对称分布，中线处的热流密度扰动为零，由此可得边界条件表达式（2.169）及式（2.170）。

将式（2.127）、式（2.170）与式（2.36）、式（2.38）、式（2.40）联立，可得材料 1 和材料 3 的温度场扰动表达式（2.128）和表达式（2.129），以及材料 2 的温度场扰动表达式（2.172），其中 $T_0 = 2G_2 \cosh(\lambda_2 a_2)$。

将 3 种材料的温度场扰动表达式（2.128）、表达式（2.172）、表达式（2.129）分别代入式（2.34），可得 3 种材料内部沿 z 轴方向的热流密度扰动表达式（2.130）、表达式（2.175）、表达式（2.131）。

将式（2.21）、式（2.130）和式（2.175）分别代入式（2.35），方程对于任意 x、t 均成立，所以可以将方程两边的 $\mathrm{Re}\{\exp(bt+imx)\}$ 同时约去，可得摩擦副表面的能量平衡方程：

$$\left[\lambda_1 K_1 \frac{\lambda_1 K_1 \sinh(\lambda_3 a_3)\sinh(\lambda_1 a_1) + \lambda_3 K_3 \cosh(\lambda_3 a_3)\cosh(\lambda_1 a_1)}{\lambda_1 K_1 \sinh(\lambda_3 a_3)\cosh(\lambda_1 a_1) + \lambda_3 K_3 \cosh(\lambda_3 a_3)\sinh(\lambda_1 a_1)} + \right.$$
$$\left. \lambda_2 K_2 \tanh(\lambda_2 a_2) \right] T_0 = fV p_0 \qquad (2.202)$$

2.5.2　应力与变形

将 3 种材料的温度场扰动表达式（2.128）、表达式（2.172）和表达式（2.129）分别代入表达式（2.53）中，可以求得 3 种材料的热弹性变形与应力特解对应的势函数表达式（2.134）、表达式（2.178）和表达式（2.135），然后分别代入式（2.58）中可以求得热弹性变形与应力的特解，即表达式（2.136）～（2.143）和表达式（2.179）～（2.182）。

当材料 3 为反对称模态时，其高温区与低温区将沿其中线呈对称分布，中线处沿 x 轴方向的热弹性变形与沿 z 轴方向的正应力均为零，应用边界条件表达式（2.144）可以将材料 3 的调和函数表达式简化为表达式（2.145）和表达式（2.146）。同理，当材料 2 为对称模态时，其上下表面的高温区将关于其中线对称分布，中线处沿 z 轴方向的热弹性变形与沿 x 轴方向的切应力均为零，应用边界条件表达式（2.183）可以将材料 2 的调和函数表达式简化为表达式（2.184）和表达式（2.185）。材料 1 的调和函数表达式依然为表达式（2.85）和表达式（2.86）。将 3 种材料的调和函数表达式分别代入式（2.71）～（2.74），可以求得热弹性应力与变形的等温解表达式（2.87）～（2.90）、表达式（2.186）～（2.189）和表达式（2.147）～（2.150）。

将热弹性变形与应力的特解与等温解相加，可以求得热弹性变形与应力的通解。

2.5.3　平衡方程

将材料 1 和材料 2 的热弹性变形和应力的通解代入 $z=0$ 时的边界条件表达式（2.104）中，方程对于任意 x、t 均成立，所以可以将方程两边的 $\mathrm{Re}\{\exp(bt+\mathrm{i}mx)\}$ 同时约去，得到平衡方程：

$$-\frac{m}{2\mu_1}(A_1-B_1)-\frac{3-4\nu_1}{2\mu_1}(C_1+D_1)+$$

$$\frac{\lambda_1 K_1 \sinh(\lambda_3 a_3)\sinh(\lambda_1 a_1)+\lambda_3 K_3 \cosh(\lambda_3 a_3)\cosh(\lambda_1 a_1)}{\lambda_1 K_1 \sinh(\lambda_3 a_3)\cosh(\lambda_1 a_1)+\lambda_3 K_3 \cosh(\lambda_3 a_3)\sinh(\lambda_1 a_1)}\cdot\frac{-\lambda_1\beta_1 T_0}{2\mu_1(\lambda_1^2-m^2)}=$$

$$[mA_2\sinh(ma_2)+ma_2 B_2\cosh(ma_2)-(3-4\nu_2)B_2\sinh(ma_2)]\frac{1}{2\mu_2}+$$

$$\frac{\lambda_2\beta_2 T_0}{2\mu_2(\lambda_2^2-m^2)}\tanh(\lambda_2 a_2)$$

（2.203）

$$m[m(A_1 + B_1) + 2(1 - v_1)(C_1 - D_1)] + \frac{m^2 \beta_1 T_0}{\lambda_1^2 - m^2} = -p_0 \qquad (2.204)$$

$$m[(mA_2 \cosh(ma_2) + ma_2 B_2 \sinh(ma_2) - 2(1 - v_2)B_2 \cosh(ma_2)] + \frac{m^2 \beta_2 T_0}{\lambda_2^2 - m^2} = -p_0 \qquad (2.205)$$

$$-im[m(A_1 - B_1) + (1 - 2v_1)(C_1 + D_1)] +$$

$$\frac{\lambda_1 K_1 \sinh(\lambda_3 a_3) \sinh(\lambda_1 a_1) + \lambda_3 K_3 \cosh(\lambda_3 a_3) \cosh(\lambda_1 a_1)}{\lambda_1 K_1 \sinh(\lambda_3 a_3) \cosh(\lambda_1 a_1) + \lambda_3 K_3 \cosh(\lambda_3 a_3) \sinh(\lambda_1 a_1)} \cdot \frac{-im \lambda_1 \beta_1 T_0}{\lambda_1^2 - m^2} = -f p_0 \qquad (2.206)$$

$$im[mA_2 \sinh(ma_2) + ma_2 B_2 \cosh(ma_2) - (1 - 2v_2)B_2 \sinh(ma_2)] +$$

$$\frac{im \lambda_2 \beta_2 T_0}{\lambda_2^2 - m^2} \tanh(\lambda_2 a_2) = -f p_0 \qquad (2.207)$$

由于本节中材料 1 和材料 3 的应力与变形的解的形式与 2.3 节中完全相同，所以由 $z=a_1$ 时的边界条件表达式（2.99）所得出的平衡方程仍然是表达式（2.151）～（2.154）。

2.5.4 系统矩阵与临界速度

将式（2.202）、式（2.151）～（2.154）和式（2.203）～（2.207）改写为矩阵形式：

$$L_{as} X_{as} = 0 \qquad (2.208)$$

式中，L_{as} 为系统热弹性不稳定性矩阵；X_{as} 为未知数向量。

$$L_{as} = [L_{as1} \quad L_{as2} \quad \cdots \quad L_{as10}] \qquad (2.209)$$

$$X_{as} = [A_1 \quad B_1 \quad C_1 \quad D_1 \quad A_2 \quad B_2 \quad A_3 \quad B_3 \quad p_0 \quad T_0]^T \qquad (2.210)$$

$$L_{as1} = L_{sa1}, \quad L_{as2} = L_{sa2}, \quad L_{as3} = L_{sa3}, \quad L_{as4} = L_{sa4}, \quad L_{as9} = L_{sa9} \qquad (2.211)$$

$$L_{as5} = L_{ss5}, \quad L_{as6} = L_{ss6} \qquad (2.212)$$

$$L_{as7} = L_{aa7}, \quad L_{as8} = L_{aa8} \qquad (2.213)$$

$$L_{as10} = \left[\frac{-\lambda_1 \beta_1}{2\mu_1(\lambda_1^2 - m^2)} \cdot \frac{S_4}{S_3} - \frac{\lambda_2 \beta_2}{2\mu_2(\lambda_2^2 - m^2)} \tanh(\lambda_2 a_2) \quad \frac{m^2 \beta_1}{\lambda_1^2 - m^2} \quad \frac{-im\lambda_1 \beta_1}{\lambda_1^2 - m^2} \cdot \frac{S_4}{S_3} \right.$$

$$\frac{m^2 \beta_2}{\lambda_2^2 - m^2} \quad \frac{im\lambda_2 \beta_2}{\lambda_2^2 - m^2} \tanh(\lambda_2 a_2) \quad \lambda_1 K_1 \frac{S_4}{S_3} + \lambda_2 K_2 \tanh(\lambda_2 a_2)$$

$$\left(\frac{\beta_1}{2\mu_1(\lambda_1^2 - m^2)} - \frac{\beta_3}{2\mu_3(\lambda_3^2 - m^2)} \right) \frac{im\lambda_1 K_1 \sinh(\lambda_3 a_3)}{S_3}$$

$$\left(\frac{-K_3 \beta_1}{2\mu_1(\lambda_1^2 - m^2)} + \frac{K_1 \beta_3}{2\mu_3(\lambda_3^2 - m^2)} \right) \frac{\lambda_1 \lambda_3 \cosh(\lambda_3 a_3)}{S_3}$$

$$\left(\frac{\beta_1}{\lambda_1^2 - m^2} - \frac{\beta_3}{\lambda_3^2 - m^2} \right) \frac{m^2 \lambda_1 K_1 \sinh(\lambda_3 a_3)}{S_3}$$

$$\left. \left(\frac{-K_3 \beta_1}{\lambda_1^2 - m^2} + \frac{K_1 \beta_3}{\lambda_3^2 - m^2} \right) \frac{im\lambda_1 \lambda_3 \cosh(\lambda_3 a_3)}{S_3} \right]^T \tag{2.214}$$

表达式（2.214）中的自定义参数 S_3、S_4 可由表达式（2.167）和表达式（2.168）求得。

令系数矩阵的行列式等于零，即 $|L_{as}| = 0$，应用与 2.2.4 节相同的方法，可以求解二元方程组得到临界速度 v 与其对应的迁移速度 c_1、c_2。

2.5.5　热失稳判断指标临界速度的确定

在 2.2 节中定义，对应临界速度较小的模态为热弹性不稳定性主模态。为研究热弹性不稳定性主模态问题，采用表 2.1 所示的摩擦副材料参数，对比分析 Lee 等研究中无限厚度摩擦材料与本章所得有限厚度摩擦片在不同模态下的临界速度。为了消除对偶钢片厚度对临界速度的影响，临界速度曲线纵坐标采用无量纲临界速度：

$$v' = \frac{v_{cr} a_2}{k_2} \tag{2.215}$$

对偶钢片为反对称模态，摩擦片分别为无限厚、对称模态与反对称模态时的热弹性不稳定性临界速度曲线如图 2.5 所示。若对偶钢片为反对称模态，摩擦片无限厚时的热弹性不稳定性临界速度大于摩擦片有厚度（即对称或反对称）时的热弹性不稳定性临界速度；摩擦片为对称模态下的热弹性不稳定性临界速度小于摩擦片为反对称模态下的热弹性不稳定性临界速度。例如，如果摩擦副的无量纲扰动频率为0.28，摩擦片无限厚时的无量纲临界速度为 7 357.8，摩擦片为反对称模态下的无量纲临界速度为 1 071.3，摩擦片为对称模态下的临界速度为 713.8，无限厚时的临界速度为考虑厚度时的 7～10 倍。对偶钢片为反对称模态时，摩擦片反对称模态为对称模态下无量纲临界速度的 1.5 倍，对偶钢片为对称模态时，临界速度相差更多。综上所述，对于表 2.1 中所示的摩擦副材料，摩擦片为对称模态、对偶钢片为反对称模态是其热弹性不稳定性主模态，在摩擦副的滑摩过程中，对称-反对称模态的情况最容易出现。

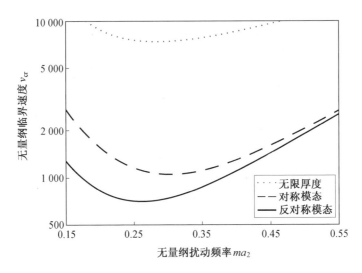

图 2.5　不同扰动模态下无量纲临界速度与扰动频率的关系

2.6　本章小结

建立了考虑多层材料摩擦片厚度的热弹性不稳定性研究二维理论模型，研究了摩擦副滑摩过程中的热流密度分布、材料温度场分布、能量平衡关系、热弹性变形与应力，得到了系统发生热弹性不稳定状态的临界速度和扰动增长系数，并通过将方程组转化为矩阵形式的方法，利用线性方程组有非零解的必要条件将问题转化为求解矩阵行列式，简化了求解过程。主要结论如下：

（1）临界速度是初始扰动频率（波长）及中心片、摩擦材料、对偶钢片厚度的函数，不同频率的初始扰动对应的临界速度一般不同。当对偶钢片厚度与初始扰动波长的比例为特定值时，临界速度最小，此时摩擦副稳定性最差。

（2）当对偶钢片厚度与初始扰动波长比例相同时，摩擦片对称-对偶钢片反对称模态下的临界速度小于其余模态下的临界速度，对称-反对称模态扰动首先激发系统出现热弹性不稳定性状态，定义对称-反对称模态为热弹性不稳定性主模态。

（3）材料出现局部高温区的可能性可以用 Peclet 数衡量，Peclet 数的绝对值越小，材料出现局部高温区的可能性越大，扰动相对于导热性较好的材料的迁移速度较低，Peclet 数较小，导热性较好的材料出现局部高温区的可能性较大。

（4）在对称-反对称模态下，扰动相对于对偶钢片的迁移速度更小，而对偶钢片的 Peclet 数更小，对偶钢片更容易出现热点。

第3章　摩擦副表面扰动场动态分布特性研究

　　以上分析都是基于二维简化模型计算所得，没有考虑摩擦副半径的影响。二维模型的优点是建模过程简单，计算效率相对较高。同时，Yi 等在研究盘式制动器的几何尺寸与热弹性不稳定性问题时发现，二维模型可以基本准确地预测系统的热弹性不稳定性临界速度等重要参数。对摩擦系统热弹性不稳定性进行不涉及半径方向的规律性理论研究时，可以采用二维模型。由于半径尺寸是摩擦副工作过程中的重要参数，所以有必要建立三维热弹性不稳定性模型，深入研究系统的热弹性不稳定性问题。

　　应用摩擦片对称-钢片反对称主模态热弹性不稳定性解析模型，得到扰动增长系数的求解方法，考虑定转速下摩擦副半径方向的线速度变化，求得临界线速度、扰动增长系数及扰动迁移速度的径向分布，进而确定摩擦副三维扰动压力场。根据系统矩阵所得齐次线性方程组的基础解系特性，求得初始幅值比，从而确定摩擦副三维扰动温度场。详细研究转速、热点数、滑摩时间、初始扰动幅值及摩擦副结构参数和材料参数的影响。

3.1　扰动增长系数的确定

　　根据第 2 章的分析，可以得到不同边界条件下临界速度 v_{cr} 与扰动频率 m 的关系。以下分析中，以临界速度最小的摩擦片对称，钢片反对称的主模态为例，给出扰动增长系数 b 与摩擦副相对滑摩速度 v 的关系及其确定方法。

　　根据 2.2 节的分析，令系统矩阵的行列式等于零，分离方程的实部与虚部可以得到关于扰动频率 m，扰动增长系数 b，滑摩速度 v，扰动迁移速度 c_1 和 c_2 5 个未知数的两个方程，扰动频率 m 一定，滑摩速度 v 取不同的值时，将滑摩速度与扰动迁

移速度关系式 $v = c_1 - c_2$ 代入两个方程，可以得到扰动增长系数 b 与滑摩速度 v 的关系。

图 3.1 中用 M、Q 和 S 标识出了 3 种典型的临界速度和对应的扰动频率。点 M_1、M_2 和 Q_1、Q_2 分别具有相同的临界速度，但扰动频率分别为 $m_{M1}=37 \text{ m}^{-1}$、$m_{M2}=462 \text{ m}^{-1}$ 和 $m_{Q1}=50.5 \text{ m}^{-1}$、$m_{Q2}=369 \text{ m}^{-1}$。点 S 处的临界速度和扰动频率分别为系统的最低临界速度和临界扰动频率，值为 $v_{cr}=1.038 \text{ m/s}$、$m_{cr}=147 \text{ m}^{-1}$。

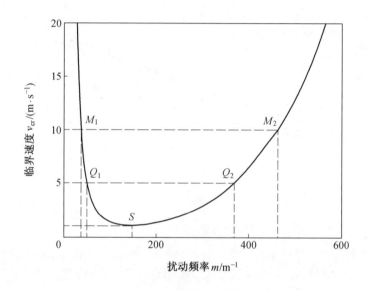

图 3.1　临界速度随扰动频率变化的曲线

图 3.2 给出了图 3.1 中点 M_1、M_2 和 Q_1、Q_2 和 S 对应的扰动增长系数 b 随滑摩速度 v 变化的曲线。由图 3.2 可知，不同扰动频率 m 对应的扰动增长系数 b 随滑摩速度 v 均近似呈线性增加的变化规律。虚线以下扰动增长系数 b 小于零，为热弹性稳定区；虚线以上扰动增长系数 b 大于零，为热弹性失稳区；虚线与每条曲线的交点即为对应扰动频率的临界速度。

在热弹性不稳定性失稳区域内，不同滑摩速度对应的扰动增长系数 b 从大到小的排序依次为 b_S ($m_{cr}=147 \text{ m}^{-1}$) > b_{Q2} ($m_{Q2}=369 \text{ m}^{-1}$) > b_{Q1} ($m_{Q1}=50.5 \text{ m}^{-1}$) > b_{M2} ($m_{M2}=462 \text{ m}^{-1}$) > b_{M1} ($m_{M1}=37 \text{ m}^{-1}$)。因此可得出，在热弹性失稳区域内，最低临界速度 v_{cr}

的扰动增长系数 b 最大。显然，临界扰动频率 m_{cr}=147 m^{-1} 为系统的主特征扰动。此外，若不同扰动频率具有相同的临界速度，扰动频率较高时扰动增长系数较大，较容易引起热量在接触表面局部区域的集中，进而引起不均匀的热弹性变形，最终导致热点的生成，系统更不稳定。

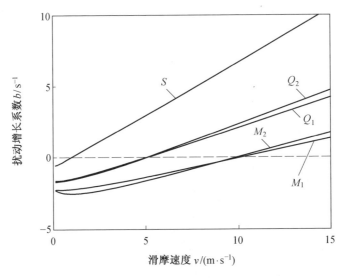

图 3.2　扰动增长系数随滑摩速度的变化曲线

3.2　扰动压力场动态分布特性

摩擦副在工作过程中，相对运动角速度一定时，不同的半径处线速度不同，因而扰动增长系数不同。此外，根据表达式（2.20）$m=\dfrac{N}{r}$ 可知，热点数 N 一定时，不同半径 r 处的扰动频率 m 也不同。当角速度和热点数确定时，某一半径处的线速度和扰动频率就确定了，进而可以确定该半径处的临界线速度、扰动增长系数及扰动迁移速度。当初始压力扰动幅值确定时，就可以得出整个摩擦副接触平面上的压力场的动态分布情况。

3.2.1　临界线速度的分布

摩擦副半径参数见表3.1。

表 3.1　摩擦副半径参数　　　　　　　　　　　　　m

变量名称	数值
摩擦副内径 r_1	0.256
摩擦副外径 r_2	0332

摩擦副中径表达式：

$$r_z = \frac{r_1 + r_2}{2} = 0.294 \text{ m} \tag{3.1}$$

如前所述，临界扰动频率 $m_{cr}=147 \text{ m}^{-1}$，由于摩擦副内外径对流换热的影响，热点最有可能出现在中径处。因而，摩擦副的热点数最可能为

$$N_{cr} = m_{cr} r_z \approx 43 \tag{3.2}$$

式中，N_{cr} 为临界热点数，单位为 1。

图 3.3 表示摩擦副热点数为 43 时，摩擦副各半径对应的临界线速度，以及摩擦副角速度 ω 分别取 3.2 rad/s、3.8 rad/s、4.4 rad/s 时各半径的滑摩速度。

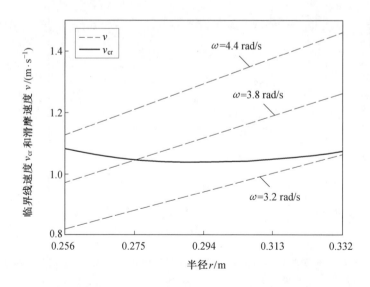

图 3.3　热点数 $N = N_{cr}=43$ 时各半径处的临界线速度及不同角速度下的滑摩速度

摩擦副角速度较小时，各个半径的线速度都小于临界线速度，整个摩擦片都处于热弹性稳定性状态。随着摩擦副角速度的增大，外径线速度首先超过临界线速度，进入热弹性不稳定性状态，同时，靠近内径区域的线速度小于临界线速度，依然处于热弹性稳定区。角速度继续增大，摩擦副外侧线速度超过临界线速度的区域增多，处于热弹性不稳定性状态的区域增大，同时内侧线速度小于临界线速度的区域减少，热弹性稳定区减小。当角速度超过一定值时，各个半径的线速度都大于临界线速度，整个摩擦片都处于热弹性不稳定性状态。

由于受加工误差、内外齿和花键、摩擦片油槽等的影响，摩擦副在实际工作中产生的热点数不一定是由表达式（3.2）计算所得。为了研究热点数对热弹性不稳定性的影响，图 3.4 表示热点数 N 分别为 28、38、48、58 时，各半径处临界线速度，以及滑摩转速 n 为 48 r/min 时各半径的线速度。热点数小于临界热点数 N_{cr} 时，临界线速度随半径的增大而增大；热点数大于临界热点数 N_{cr} 时，临界线速度随半径的增大而减小；热点数接近临界热点数 N_{cr} 时，临界线速度随半径的变化不大。

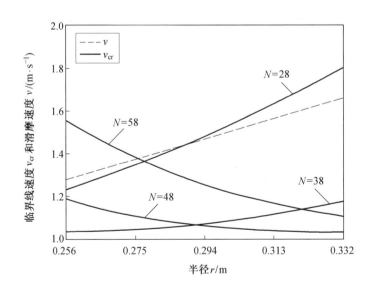

图 3.4　不同热点数下各半径处的临界线速度及滑摩转速 n=48 r/min 时的滑摩速度

实际热点数与 N_{cr} 的差别越大，临界线速度随半径的变化越大。当实际热点数比临界热点数多 15 个，即 $N = 58$ 时，半径 $r = 0.276 \sim 0.332$ m 区域处于热弹性不稳定性状态，其余区域处于热弹性稳定性状态。当实际热点数比临界热点数少 15 个，即 $N = 28$ 时，半径 $r = 0.256 \sim 0.289$ m 区域处于热弹性不稳定性状态，其余区域处于热弹性稳定性状态。这说明热点不一定都出现在外径一侧，某些情况下热点也可能出现在内径一侧。

3.2.2　扰动增长系数的分布

图 3.5 表示摩擦副热点数为临界热点数 $N_{cr} = 43$，摩擦副角速度 ω 分别取 3.2 rad/s、3.8 rad/s、4.4 rad/s 时，各半径的扰动增长系数。

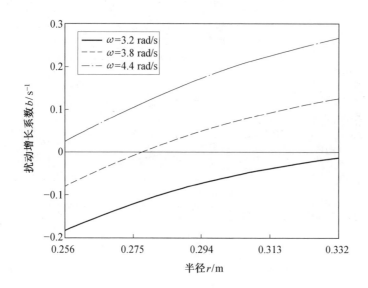

图 3.5　热点数 $N = N_{cr} = 43$ 时不同角速度下各半径处的扰动增长系数

摩擦副角速度较小时，各个半径的扰动增长系数都小于零，整个摩擦片都处于热弹性稳定性状态。随着摩擦副角速度的增大，外径扰动增长系数先大于零，进入热弹性不稳定性状态，同时，靠近内径区域的扰动增长系数依然小于零，处于热弹性稳定性状态。角速度继续增大，摩擦副外侧扰动增长系数大于零的区域增多，处于热弹性不稳定性状态的区域增大，同时内侧扰动增长系数小于零的区域减少，热弹性稳定区减小。当角速度超过一定值时，各个半径的扰动增长系数都大于零，整个摩擦片都处于热弹性不稳定性状态。无论角速度取任何值，扰动增长系数都随着半径的增大而增大，这是由于内外径临界线速度相差不多，而外径线速度比内径大，因而外径扰动增长系数大于内径。

图 3.6 表示转速π=48 r/min 热点数 N 分别为 25、28、38、60 时，各半径的扰动增长系数。热点数小于临界热点数 N_{cr} 时，扰动增长系数随半径的增大而减小；热点数大于临界热点数 N_{cr} 时，扰动增长系数随半径的增大而增大。实际热点数与 N_{cr} 的差距越大，扰动增长系数随半径的变化越快。

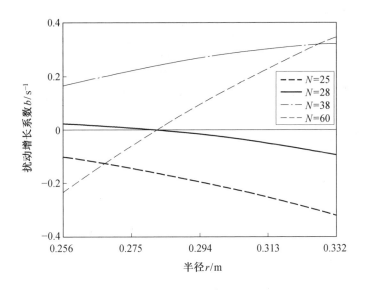

图 3.6　转速 n=48 r/min 时不同热点数下各半径处的扰动增长系数

$N = 60$ 时，半径 $r = 0.289\sim0.332$ m 区域处于热弹性不稳定性状态，$r = 0.256\sim$ 0.289 m 区域处于热弹性稳定性状态；反之，$N = 28$ 时，$r = 0.289\sim0.332$ m 区域处于热弹性稳定性状态，$r = 0.256\sim0.289$ m 区域处于热弹性不稳定性状态。$N = 28$ 时，最大扰动增长系数在内径处，为 0.022 s^{-1}；$N = 60$ 时，最大扰动增长系数在外径处，为 0.346 s^{-1}，相差 16 倍。这说明即使存在内径出现热点而外径热弹性稳定的特殊情况，内径的周向压力和温度的不均匀性也会增长较慢；反之，如果出现外径热弹性不稳定而内径热弹性稳定的情况，外径的周向不均匀性会增长较快。

3.2.3　扰动压力场的分布

假设圆柱局部坐标系（r_1，θ_1，z_1）和（r_2，θ_2，z_2）分别与摩擦片和对偶钢片固连，则平面局部坐标系（x_1，z_1）和（x_2，z_2）与圆柱局部坐标系的转换关系为

$$x = x_j - c_j t = \theta_j r_j - \omega_j r_j t, \quad j = 1, 2 \tag{3.3}$$

$$\omega_j = \frac{c_j}{r_j} \tag{3.4}$$

式中，ω_j 为压力扰动相对于摩擦片和对偶钢片的角速度。

摩擦副相对运动角速度可以表示为

$$\omega = \omega_1 - \omega_2 \tag{3.5}$$

将式（3.3）、式（3.4）和式（2.20）代入式（2.18），可得

$$p_{2f} = \mathrm{Re}\{p_0 \exp(bt + \mathrm{i}N(\theta_1 - \omega_1 t))\} \tag{3.6}$$

$$p_{2s} = \mathrm{Re}\{p_0 \exp(bt + \mathrm{i}N(\theta_2 - \omega_2 t))\} \tag{3.7}$$

式中，p_{2f}、p_{2s} 分别为摩擦片和钢片表面的扰动压力。

在 3.1 节，求扰动增长系数的过程中，令系统矩阵的行列式等于零，分离方程的实部与虚部可以得到关于扰动频率 m，扰动增长系数 b，滑摩速度 v，扰动迁移速度 c_1 和 c_2 5 个未知数的 2 个方程。当角速度 ω 和热点数 N 确定时，某一半径 r 处的线速度 v 和扰动频率 m 就确定了，将滑摩速度与扰动迁移速度表达式（2.16）代入 2 个方程，可以确定该半径处的扰动增长系数 b 和扰动迁移速度 c_1、c_2，进而求出扰动迁移角速度 ω_1、ω_2。此时，只要知道初始压力扰动幅值，便可求出摩擦片和钢片表面的扰动压力场。

图 3.7 表示热点数为 43，角速度为 5 rad/s，初始压力扰动幅值为 0.01 MPa，滑摩时间为 10.0 s 时，摩擦片和对偶钢片表面扰动压力场分布。由图 3.7 可知，摩擦片

和对偶钢片表面扰动压力场分布基本相同，只是热点的周向位置有细微差别。但是实际上扰动压力相对于两表面的移动速度相差很多。

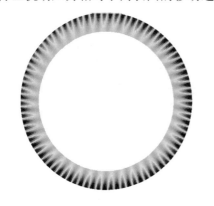 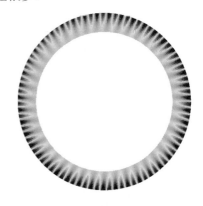

（a）摩擦片　　　　　　　　　　　（b）对偶钢片

图 3.7　摩擦片和对偶钢片表面扰动压力场分布

图 3.8 表示热点数为 5，摩擦副角速度为 5 rad/s，初始压力扰动幅值为 0.01 MPa，滑摩时间分别为 9.8 s、9.9 s、10.0 s 时，摩擦片表面的压力场分布。图 3.9 为相同条件下对偶钢片表面的压力场分布。扰动压力场相对于摩擦片运动很快，0.1 s 相对转动了约 28.03°（4.98 rad/s），接近摩擦副角速度。扰动压力场相对于对偶钢片运动很慢，　　0.1 s 逆时针相对转动只有约 0.115°（−0.02 rad/s）。这也说明了对偶钢片受扰动压力场影响更大，更容易出现热点。

（a）滑摩时间为 9.8 s　　　（b）滑摩时间为 9.9 s　　　（c）滑摩时间为 10.0 s

图 3.8　摩擦片表面热点位置

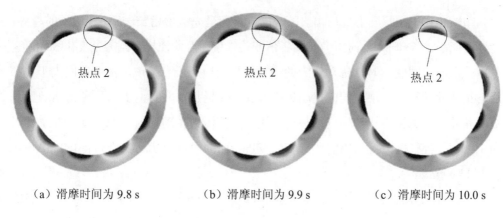

（a）滑摩时间为 9.8 s　　　　（b）滑摩时间为 9.9 s　　　　（c）滑摩时间为 10.0 s

图 3.9　对偶钢片表面热点位置

3.2.4　影响因素分析

图 3.10 表示热点数为 43，摩擦副相对角速度为 5 rad/s，初始压力扰动幅值为 0.01 MPa，滑摩时间分别为 2 s、6 s、10 s 时，摩擦片表面的扰动压力场分布。

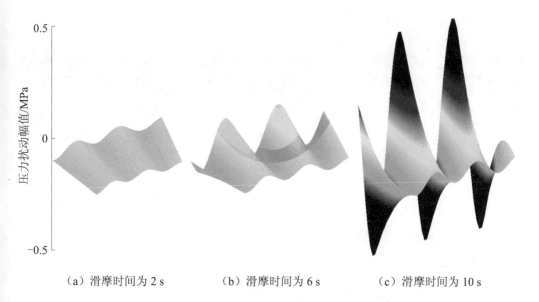

（a）滑摩时间为 2 s　　　　　（b）滑摩时间为 6 s　　　　　（c）滑摩时间为 10 s

图 3.10　滑摩时间对摩擦片表面扰动压力场分布的影响

由图 3.10 可知，压力扰动幅值随时间延长而呈先缓慢增长，后快速增长的趋势。滑摩时间小于 6 s 时，周向压力扰动幅值变化很慢，内外径扰动压力差变化不大，这是由于滑摩时间较小时，扰动压力的指数增长效应还没有体现。滑摩时间大于 6 s 后，指数效应开始体现，周向扰动幅值差异迅速增加，并且由于内外径扰动增长系数的差异，外侧压力扰动幅值增加速度快于内侧压力扰动幅值增加速度。滑摩时间为 10 s 时，外径压力扰动幅值达到 0.49 MPa，而内径压力扰动幅值只有 0.036 MPa，相差 13.6 倍。

图 3.11 表示热点数为 43，摩擦副相对角速度为 5 rad/s，滑摩时间为 6 s，初始压力扰动幅值分别为 0.005 MPa、0.01 MPa、0.015 MPa 时，摩擦片表面的扰动压力场分布。

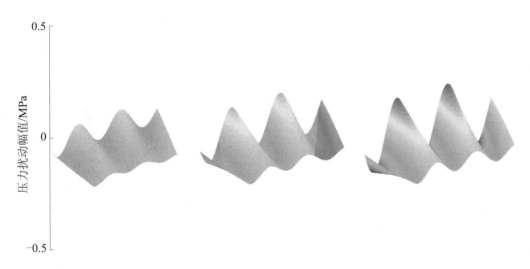

（a）初始压力扰动幅值 0.005 MPa （b）初始压力扰动幅值 0.01 MPa （c）初始压力扰动幅值 0.015 MPa

图 3.11　初始压力扰动幅值对摩擦片表面扰动压力场分布的影响

由图 3.11 可知，各半径处压力扰动幅值随初始压力扰动幅值的增加而呈线性增长趋势。例如，中径处各条件下压力扰动幅值分别为 0.025 MPa、0.049 MPa、0.074 MPa，差值分别为 0.024 MPa 和 0.025 MPa，基本相等。而各半径之间压力扰动幅值差别很大。例如，初始压力扰动幅值为 0.01 MPa 时，内径、中径和外径压力扰动幅值分别为 0.022 MPa、0.049 MPa、0.103 MPa，差值分别为 0.027 MPa 和 0.054 MPa，摩擦副外侧增幅大于内侧增幅，说明热点更有可能在摩擦副外侧产生。

3.3　扰动温度场动态分布特性

3.3.1　扰动温度场的确定

根据线性代数知识可知，齐次线性方程组有解的充要条件是系数矩阵行列式为零，此时方程组的解为解集的极大线性无关组，即基础解系。当齐次线性方程组基础解系只有一个向量时，方程组各个未知数成比例关系，知道其中一个未知数时，即可确定其余未知数。根据 2.2 节的分析，系统矩阵的行列式为零时，所求得的系统方程组的基础解系只有一个向量，此时初始温度扰动幅值与初始压力扰动幅值成比例关系，可以使用 matlab 程序求出：

$$T_0 = g p_0 \tag{3.8}$$

式中，T_0 为初始温度扰动幅值；g 为初始幅值比；p_0 为初始压力扰动幅值。

$$T_{2f} = \mathrm{Re}\{T_0 \exp(bt + iN(\theta_1 - w_1 t))\} \tag{3.9}$$

$$T_{2s} = \mathrm{Re}\{T_0 \exp(bt + iN(\theta_2 - w_2 t))\} \tag{3.10}$$

式中，T_{2f} 为摩擦片表面的扰动温度；T_{2s} 为对偶钢片表面的扰动温度。

图 3.12 表示热点数为 43，角速度为 5 rad/s，初始压力扰动幅值为 0.01 MPa，滑摩时间为 10 s 时，摩擦片和对偶钢片表面扰动温度场分布。由图 3.12 可知，摩擦片和对偶钢片表面扰动温度场分布基本相同，只是热点的周向位置有细微差别。但是实际上扰动温度相对两表面的移动速度相差很多。

图 3.13 表示热点数为 43，摩擦副角速度为 5 rad/s，初始压力扰动幅值为 0.01 MPa，滑摩时间分别为 9.8 s、9.9 s、10.0 s 时，摩擦片表面的扰动温度场。图 3.14 为相同条件下对偶钢片表面的扰动温度场。扰动温度场相对于摩擦片运动很快，0.2 s 相对转动了约 56.95°（4.97 rad/s），接近摩擦副角速度。扰动温度场相对于对偶钢片运动

很慢，0.2 s 逆时针相对转动只有约 0.34°（−0.03 rad/s）。这也说明了对偶钢片受扰动温度场影响更大，更容易出现热点。

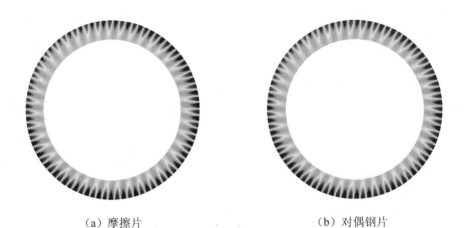

（a）摩擦片　　　　　　　　　　　（b）对偶钢片

图 3.12　摩擦片和对偶钢片表面扰动温度场分布

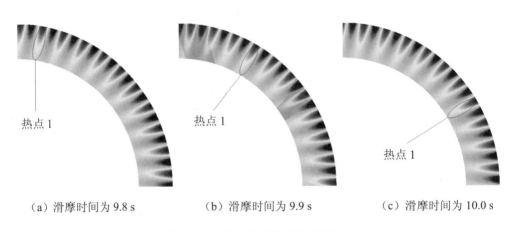

（a）滑摩时间为 9.8 s　　　（b）滑摩时间为 9.9 s　　　（c）滑摩时间为 10.0 s

图 3.13　摩擦片表面扰动温度场分布

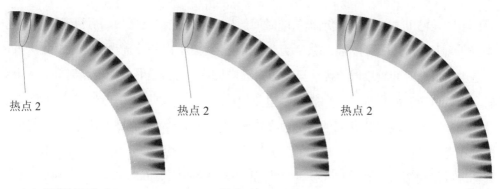

（a）滑摩时间为 9.8 s　　　（b）滑摩时间为 9.9 s　　　（c）滑摩时间为 10.0 s

图 3.14　对偶钢片表面扰动温度场分布

3.3.2　滑摩时间的影响

图 3.15 表示热点数为 43，摩擦副角速度为 5 rad/s，初始压力扰动幅值为 0.01 MPa，滑摩时间分别为 2 s、6 s、10 s 时，摩擦片表面的扰动温度场分布。

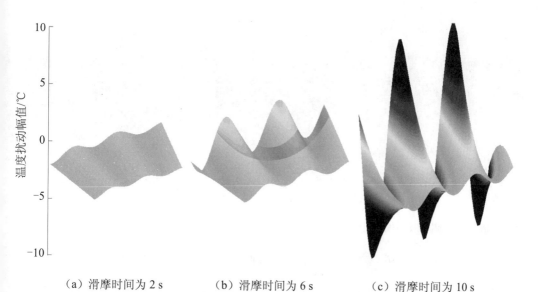

（a）滑摩时间为 2 s　　　（b）滑摩时间为 6 s　　　（c）滑摩时间为 10 s

图 3.15　滑摩时间对摩擦片表面扰动温度场分布的影响

由图 3.15 可知，温度扰动幅值随时间的延长而呈先缓慢增长，后快速增长的趋势。滑摩时间小于 6 s 时，周向温度扰动幅值变化较慢，内外径扰动压力差变化不大，这是由于滑摩时间较小时，扰动温度的指数增长效应还没有体现。滑摩时间大于 6 s 后，指数效应开始体现，周向扰动幅值差异迅速增加，并且由于内外径扰动增长系数的差异，外侧温度扰动幅值增加速度快于内侧温度扰动幅值增加速度。由于理论模型不考虑摩擦副外径处冷却油的对流换热作用，理想状态下，滑摩时间为 10 s 时，外径温度扰动幅值达到 7.67 ℃，而内径温度扰动幅值只有 0.54 ℃，相差 14.2 倍。

3.3.3 初始压力扰动幅值的影响

图 3.16 表示热点数为 43，摩擦副角速度为 5 rad/s，滑摩时间为 6 s，初始压力扰动幅值分别为 0.005 MPa、0.01 MPa、0.015 MPa 时，摩擦片表面的扰动温度场。

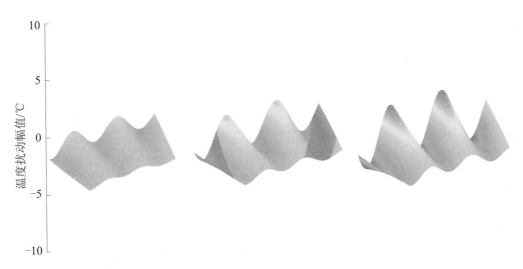

(a)初始压力扰动幅值为 0.005 MPa　(b)初始压力扰动幅值为 0.01 MPa　(c)初始压力扰动幅值为 0.015 MPa

图 3.16　初始压力扰动幅值对摩擦片表面扰动温度场的影响

由图 3.16 可知，各半径处温度扰动幅值随初始压力扰动幅值的增加而呈线性增长趋势。例如，中径处各条件下温度扰动幅值分别为 0.36 ℃、0.73 ℃、1.09 ℃，差值分别为 0.37 ℃和 0.36 ℃，基本相等。而各半径之间温度扰动幅值差别很大。例如，初始压力扰动幅值为 0.01 MPa 时，内径、中径和外径温度扰动幅值分别为 0.32 ℃、0.73 ℃、1.62 ℃，差值分别为 0.41 ℃和 0.89 ℃，摩擦副外侧扰动温度增幅大于内侧增幅，说明热点更有可能在摩擦副外侧产生。

3.4　本章小结

以临界速度最小的摩擦片对称、钢片反对称的主模态为例，应用系统矩阵，提出了扰动增长系数与滑摩速度关系的简化计算方法。根据摩擦副滑摩过程中不同半径处线速度及扰动频率不同的特征，得到了摩擦副的临界线速度及扰动增长率的径向分布，并分析了摩擦副角速度与热点数对临界线速度及扰动增长率径向分布的影响规律。通过坐标变换方式，得到了摩擦副表面扰动压力场，根据齐次线性方程组基础解系特性，得到了摩擦副表面扰动温度场。确定了滑摩时间、初始压力扰动幅值等因素对摩擦副表面扰动压力场及扰动温度场的影响规律。主要结论如下。

（1）在热弹性失稳区域内，最低临界速度的扰动增长系数最大，临界扰动频率为系统的主特征扰动。若不同扰动频率具有相同的临界速度，扰动频率较高时扰动增长系数较大，热量较容易在接触表面的局部区域集中，进而引起不均匀的热弹性变形，最终导致热点的生成，系统更不稳定。

（2）摩擦副角速度较小时，各个半径的线速度都小于临界线速度，整个摩擦片都处于热弹性稳定性状态。随着摩擦副角速度的增大，外径线速度首先超过临界线速度进入热弹性不稳定性状态，同时靠近内径区域的线速度小于临界线速度，依然处于热弹性稳定区。角速度继续增大，摩擦副外侧线速度超过临界线速度的区域增多，处于热弹性不稳定性状态的区域增大，同时，内侧线速度小于临界线速度的区域减少，热弹性稳定区减小。当角速度超过一定值时，各个半径的线速度都大于临界线速度，整个摩擦片都处于热弹性不稳定性状态。热点数小于临界热点数时，临界线速度随半径的增大而增大，热点数大于临界热点数时，临界线速度随半径的增大而减小。热点数接近临界热点数时，临界线速度随半径的变化不大。实际热点数与临界热点数的差别越大，临界线速度随半径的变化越大。

（3）热点通常出现在外径一侧，某些极端情况下，也可能出现在内径一侧。当出现内径热点而外径热弹性稳定的特殊情况，内径的周向压力和温度的非均匀性增长较慢；反之，如果出现外径热弹性不稳定而内径热弹性稳定的情况，外径的周向不均匀性会增长较快。

（4）压力和温度的扰动场相对于摩擦片运动很快，能达到摩擦副角速度的99.6%，扰动场相对于对偶钢片转动的速度极小，且方向与扰动场和相对于摩擦片转动的方向相反，说明对偶钢片受扰动场影响更大，更容易出现热点。

（5）压力和温度扰动幅值随着滑摩时间的延长呈指数增长，滑摩时间较短时，沿周向均匀分布的"热点"与"冷点"间差异缓慢增大，内外径扰动幅值差异也缓慢增加；随着滑摩时间的推移，"热点"与"冷点"间差异迅速增大，内外径扰动幅值差异也快速凸显，半径越大，压力与温度的波动越大。压力和温度扰动幅值随着初始扰动幅值的增加呈线性增加。

第4章 液黏离合器变速滑摩瞬态热弹性
不稳定性研究

离合器在实际工作过程中，常常处于变速滑摩状态。例如，车辆离合器换挡过程中，摩擦副相对滑摩速度迅速减小；刮板输送机带载启动过程中，液黏离合器的摩擦副在控制油压的作用下变速滑摩，摩擦副接触压力及摩擦副间相对滑摩速度动态变化，产生的摩擦热使得摩擦副温度迅速升高。因此，对于变速滑摩过程中摩擦副瞬态热弹性不稳定性问题的研究至关重要。

在分析液黏离合器的变速滑摩过程中，基于粗糙接触模型和平均流量模型建立了动力学模型，得到了摩擦副平均接触压力的变化规律；根据扰动增长系数与相对滑摩速度的关系，求解了变速滑摩过程中的扰动增长系数，得到了扰动压力及热点总压力的变化规律；建立了摩擦副三维瞬态热传导模型，分析了变速滑摩过程中径向非均匀温度场分布，结合热弹性不稳定性导致的周向温度场扰动，揭示了液黏离合器变速滑摩过程中摩擦副热点总温度的变化规律，研究了变速滑摩时间对热点总温度的影响。

4.1 液黏离合器变速滑摩过程

液黏离合器与行星齿轮传动机构相结合，结构图如图 4.1 所示，太阳轮是主动输入轴，行星架与输出轴相连接，内齿圈处于浮动状态，摩擦片通过外花键与内齿圈相连，对偶钢片作为静片，通过内花键与固定盘相连，摩擦片与对偶钢片相互交替排列，润滑油充满分离间隙，利用牛顿内摩擦定律来工作，并且可以降低摩擦片的温度。通过调节环形油缸压力实现摩擦副的接合与分离，以此来达到软启动和无级调速的目的。

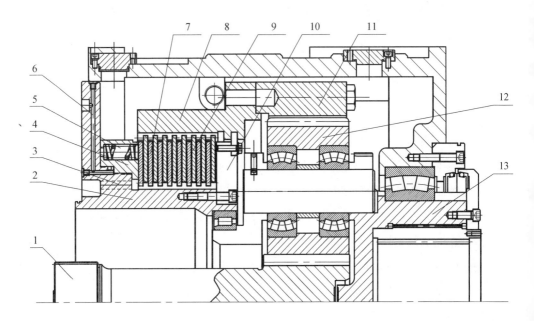

图 4.1　液黏离合器结构图

1—太阳轮；2—固定盘；3—润滑油路；4—环形油缸；5—回位弹簧；6—控制油路；

7—对偶钢片；8—外毂；9—摩擦片；10—压盘；11—内齿圈；12—行星轮；13—行星架

离合器的动力传递、能量损耗和使用寿命受到摩擦材料的摩擦磨损特性的显著影响，不仅要保持较高且稳定的摩擦系数，还要具有较低的磨损率以延长使用寿命。纸基摩擦材料不仅价格便宜，而且动摩擦系数和静摩擦系数都比较高而且受外界因素的影响小，因此广泛应用于功率比较大的离合器中。以液黏离合器用纸基摩擦副为研究对象，实物图如图 4.2 所示，对偶钢片材料为 65Mn。根据著名的斯特里贝克曲线，变速滑摩过程中摩擦副的摩擦状态主要经历纯油膜剪切、混合摩擦、边界摩擦及静摩擦 4 个阶段。

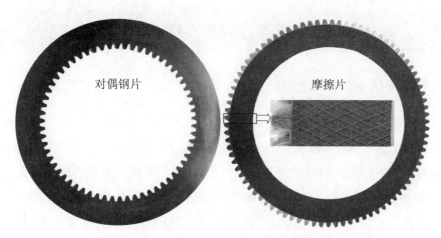

对偶钢片　　　　　摩擦片

图 4.2　摩擦副实物图

由于对偶钢片始终处于静止状态,变速滑摩过程实际是摩擦片转速变化的过程,在控制油压的作用下,间隙内的润滑油不断被挤出,产生摩擦转矩促使摩擦片转速逐渐减小。当输出轴转速以 S 形曲线随时间变化时,摩擦片转速公式见表达式(4.1),当滑摩时间 t_1 为 10 s 时,摩擦片转速随滑摩时间的变化曲线如图 4.3 所示。转速曲线为反 S 形曲线。

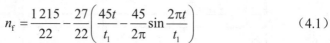

$$n_f = \frac{1\,215}{22} - \frac{27}{22}\left(\frac{45t}{t_1} - \frac{45}{2\pi}\sin\frac{2\pi t}{t_1}\right) \tag{4.1}$$

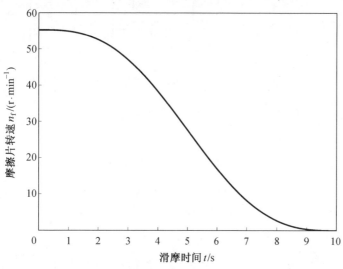

图 4.3　摩擦片转速随滑摩时间的变化曲线

4.2 变速滑摩过程热点瞬态压力求解

4.2.1 摩擦副平均接触压力

以一对摩擦副为研究对象，考虑摩擦副的轴对称性结构特点，在柱坐标系下建立摩擦副的简化模型，如图 4.4 所示。利用运动方程、连续方程、能量方程等流体动压润滑理论分析油膜的流动状态及剪切转矩，油膜在摩擦副间隙的径向流动类似于定常二维 Poiseuille 流动，周向流动类似于 Couette 流动，两种流动形式的组合便是油膜在摩擦副间隙的流动迹线。为了简化计算，假设摩擦副间隙内流体为层流状态，是连续不可压缩的牛顿流体，动力黏度仅与温度有关，且无空化现象，忽略厚度方向上的压力变化及表面沟槽的影响。

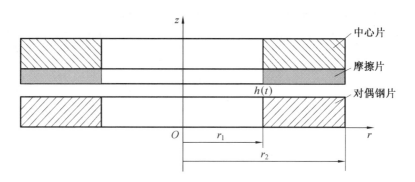

图 4.4 摩擦副示意图

简化后圆柱坐标系下的 Navier-Stokes 方程如下：

$$\begin{cases} \dfrac{\partial p_h}{\partial r} = \dfrac{\partial}{\partial z}\left(\eta \dfrac{\partial v_r}{\partial z}\right) + \rho_h r \omega_z^2 \\[3mm] \dfrac{\partial p_h}{r\partial \theta} = \dfrac{\partial}{\partial z}\left(\eta \dfrac{\partial v_\theta}{\partial z}\right) \\[3mm] \dfrac{\partial p_h}{\partial z} = 0 \end{cases} \tag{4.2}$$

式中，p_h 为油膜压力；ρ_h 为润滑油密度；η 为动力黏度；v_r 为径向速度；v_θ 为周向速度。

ω_z 的表达式为

$$\omega_z = \frac{\omega z}{h} \qquad (4.3)$$

式中，ω 为相对角速度，即摩擦片的角速度。

摩擦副壁面边界速度条件表达式为

$$\begin{cases} v_r(r,0) = V_r(r,h) = 0 \\ v_\theta(r,0) = 0, V_\theta(r,h) = \omega r \end{cases} \qquad (4.4)$$

对表达式（4.2）进行积分，并使其满足边界条件表达式（4.4），可得

$$\begin{cases} v_r = \dfrac{z^2 - zh}{2\eta} \cdot \dfrac{\partial p_h}{\partial r} + \dfrac{\rho_h r \omega^2}{12\eta h^2}(h^3 z - z^4) \\ v_\theta = \dfrac{r\omega z}{h} \end{cases} \qquad (4.5)$$

连续性方程为

$$\frac{\partial v_r}{\partial r} + \frac{v_r}{r} = 0 \qquad (4.6)$$

将表达式（4.5）代入连续性方程，并在 $0 \sim h$ 上积分后得到雷诺方程：

$$\frac{\partial}{\partial r}\left(\frac{rh^3}{12\eta} \cdot \frac{\partial p_h}{\partial r} \right) = r\frac{\partial h}{\partial t} + \rho_h \frac{\mathrm{d}}{\mathrm{d}r}\left(\frac{3r^2 h^3 \omega^2}{120\eta} \right) \qquad (4.7)$$

引入压力流量因子 ϕ_r，得到修正的平均雷诺方程：

$$\frac{\partial}{\partial r}\left(\phi_r \frac{r\overline{h}_t^3}{12\eta} \cdot \frac{\partial \overline{p}_h}{\partial r} \right) = r\frac{\partial \overline{h}_t}{\partial t} + \rho_h \frac{\mathrm{d}}{\mathrm{d}r}\left(\frac{3r^2 \overline{h}_t^3 \omega^2}{120\eta} \right) \qquad (4.8)$$

式中，$\overline{p}_h$ 为润滑油平均油膜压力；$\overline{h}_t$ 为两粗糙表面间平均间隙。$\overline{h}_t$ 的表达式为

$$\bar{h}_t = \int_{-h}^{\infty} (h+\delta) f(\delta) \mathrm{d}\delta \qquad (4.9)$$

式中，$\delta = \delta_1 + \delta_2$，为两表面综合粗糙度；$f(\delta)$ 为综合粗糙度的概率密度函数。

入口和出口压力边界条件表达式：

$$\begin{cases} \bar{p}_h \big|_{r=r_1} = p_r \\ \bar{p}_h \big|_{r=r_2} = 0 \end{cases} \qquad (4.10)$$

在表达式（4.8）两边分别对 r 进行积分并使其满足表达式（4.10），得到油膜压力分布表达式：

$$\bar{p}_h = \left(\frac{3\eta}{\phi_r h^3} \cdot \frac{\mathrm{d}\bar{h}_t}{\mathrm{d}t} + \frac{3\rho_h \omega^3}{20\phi_r} \right)(r^2 - r_2^2) + \frac{p_r + \left(\dfrac{3\eta}{\phi_r h^3} \cdot \dfrac{\mathrm{d}\bar{h}_t}{\mathrm{d}t} + \dfrac{3\rho_h \omega^3}{20\phi_r} \right)(r_2^2 - r_1^2)}{\ln r_1 - \ln r_2} (\ln r - \ln r_2) \quad (4.11)$$

式中，p_r 为润滑油入口最大压力；r_1、r_2 分别为摩擦副的内径、外径。

假设两表面粗糙峰高度服从均值为零的高斯概率密度函数，则有

$$\bar{h}_t = \frac{h}{2}\left[1 + \mathrm{erf}\left(\frac{h}{\sqrt{2}\sigma} \right) \right] + \frac{\sigma}{\sqrt{2\pi}} \exp\left(-\frac{h^2}{2\sigma^2} \right) \qquad (4.12)$$

式中，σ 为综合粗糙度均方根，$\sigma = \sqrt{\sigma_1 + \sigma_2}$。

应用链式法则可得

$$\frac{\mathrm{d}\bar{h}_t}{\mathrm{d}t} = \frac{\mathrm{d}\bar{h}_t}{\mathrm{d}h} \cdot \frac{\mathrm{d}h}{\mathrm{d}t} = \left\{ \frac{1}{2}\left[1 + \mathrm{erf}\left(\frac{h}{\sqrt{2}\sigma} \right) \right] \right\} \frac{\mathrm{d}h}{\mathrm{d}t} \qquad (4.13)$$

令 $g(h) = \dfrac{1}{2}\left[1 + \mathrm{erf}\left(\dfrac{h}{\sqrt{2}\sigma} \right) \right]$，则油膜压力为

$$\bar{p}_h = D_h(r^2 - r_2^2) + \frac{p_r + D_h(r_2^2 - r_1^2)}{\ln r_1 - \ln r_2}(\ln r - \ln r_2) \qquad (4.14)$$

式中，$D_h = \dfrac{3\eta g(h)}{\phi_r h^3} \cdot \dfrac{\mathrm{d}h}{\mathrm{d}t} + \dfrac{3\rho_h \omega^3}{20\phi_r}$。

由表达式（4.14）可知，油膜压力与半径、油膜厚度变化率有关。

油膜剪切转矩 M_h 可以表示为

$$M_h = \eta(\phi_f + \phi_{fs}) \int_0^{2\pi} \int_{r_1}^{r_2} r^3 \frac{\omega}{h} dr d\theta = \frac{\pi \eta \omega}{2h}(\phi_f + \phi_{fs})(r_2^4 - r_1^4) \tag{4.15}$$

式中，ϕ_f、ϕ_{fs} 为剪切应力因子。

对于各向同性的粗糙表面来说，ϕ_f 可以表示为

$$\phi_f = hE\left(\frac{1}{h_t}\right) = h\int_{-h+\varepsilon}^{\infty} \frac{f(\delta)}{h+\delta} d\delta \tag{4.16}$$

式中，ε 为较小的油膜厚度，约等于 $\dfrac{\sigma}{100}$。

为了便于数值的计算可以采用以下表达式：

$$\phi_f = \begin{cases} \dfrac{35}{32} b_f \left\{ \begin{array}{l} (1-b_f^2)\ln\dfrac{b_f+1}{\varepsilon^*} + \dfrac{1}{60} \\ [-55+b_f(132+b_f(345+b_f(-160+b_f(-405+b_f(60+147b_f)))))] \end{array} \right\} , & H<3 \\[4mm] \dfrac{35}{32} b_f \left\{ (1-b_f^2)^3 \ln\dfrac{b_f+1}{b_f-1} + \dfrac{b_f}{15}[66+b_f^3(30b_f^2-80)] \right\} , & H\geqslant 3 \end{cases} \tag{4.17}$$

$$\phi_{fs} = 11.1H^{2.31}e^{-2.38H+0.11H^2} \tag{4.18}$$

式中，膜厚比 $H = \dfrac{h}{\sigma}$；$b_f = \dfrac{H}{3}$；$\varepsilon^* = 0.003\,33$。

在反 S 形变速滑摩过程中，油膜厚度不断减小，摩擦表面的微凸体开始接触，承担载荷并传递转矩。粗糙表面接触时的接触压力和真实接触面积可由 GT 粗糙接触模型推导出，则有

$$p_c\left(\frac{\overline{h_t}}{\sigma^*}\right) = K'E'F_{\frac{5}{2}}\left(\frac{\overline{h_t}}{\sigma^*}\right) \tag{4.19}$$

$$A_c = \pi^2(NR\sigma^*)^2 A_n F_2\left(\frac{\overline{h_t}}{\sigma^*}\right) \tag{4.20}$$

$$K' = \frac{8\sqrt{2}}{15}\pi(N_e R_e \sigma^*)^2 \sqrt{\frac{\sigma^*}{R_e}} \tag{4.21}$$

$$\frac{1}{E'} = \frac{1}{2}\left(\frac{1-v_1^2}{E_1} + \frac{1-v_2^2}{E_2}\right) \tag{4.22}$$

$$F_n(s) = \int_s^\infty (z-s)^n g(z)\mathrm{d}z \tag{4.23}$$

式中，E' 为等效弹性模量；$(\sigma^*)^2$ 为综合粗糙度峰顶高度；A_n 为名义接触面积；N_e 为峰点密度；R_e 为微凸峰曲率半径；$g(z)$ 为概率密度函数。

用 $\dfrac{h}{\sigma}$ 替代表达式（4.19）和表达式（4.20）中的 $\dfrac{\overline{h_t}}{\sigma^*}$，得到粗糙接触压力与膜厚比关系的表达式为

$$p_c(H) = \begin{cases} K'E' \times 4.408\,6 \times (3-H)^{6.804}, & H < 3 \\ 0, & H \geqslant 3 \end{cases} \tag{4.24}$$

粗糙接触转矩 M_c 表达式为

$$M_c = \int_0^{2\pi}\int_{r_1}^{r_2} r^2 f p_c \mathrm{d}r\mathrm{d}\theta = \frac{2\pi f p_c}{3}(r_2^3 - r_1^3) \tag{4.25}$$

接触面积比 $B_n = \dfrac{A_c}{A_n}$，假设摩擦副表面粗糙度服从高斯概率分布，由表达式（4.20）可得

$$B_n = \frac{\pi^2 (N_e R_e \sigma^*)^2 A_n}{2}\left[(1+H^2)\mathrm{erfc}\left(\frac{H}{2}\right) - \sqrt{\frac{2}{\pi}}H\exp\left(-\frac{H^2}{2}\right)\right] \tag{4.26}$$

式中，$\mathrm{erfc}(x) = \dfrac{2}{\sqrt{\pi}}\int_x^\infty \mathrm{e}^{-\eta^2}\mathrm{d}\eta$。

则变速滑摩过程中总的摩擦副制动转矩为

$$M_{\mathrm{clutch}} = n(1-B_n)\zeta M_h + nB_n\zeta M_c \tag{4.27}$$

式中，n 为摩擦副数；ζ 为有效面积系数；B_n 为接触面积比。

根据液黏离合器的结构特点，输出部分的行星齿轮传动示意图如图 4.5 所示。

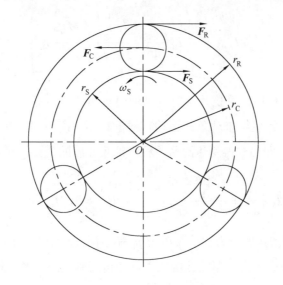

图 4.5   行星齿轮传动示意图

行星齿轮传动的动力学方程如下：

$$F_{\mathrm{R}} : F_{\mathrm{J}} : F_{\mathrm{S}} = 1 : -2 : 1 \qquad (4.28（a）)$$

$$I_{\mathrm{R}} \frac{\mathrm{d}\omega_{\mathrm{R}}}{\mathrm{d}t} = F_{\mathrm{R}} r_{\mathrm{R}} - M_{\mathrm{clutch}} \qquad (4.28（b）)$$

$$I_{\mathrm{J}} \frac{\mathrm{d}\omega_{\mathrm{J}}}{\mathrm{d}t} = F_{\mathrm{J}} r_{\mathrm{J}} - M_{\mathrm{load}} \qquad (4.28（c）)$$

$$I_{\mathrm{S}} \frac{\mathrm{d}\omega_{\mathrm{S}}}{\mathrm{d}t} = M_0 - F_{\mathrm{S}} r_{\mathrm{S}} \qquad (4.28（d）)$$

$$r_{\mathrm{J}} = \frac{r_{\mathrm{R}} + r_{\mathrm{S}}}{2} \qquad (4.28（e）)$$

式中，I 为转动惯量；M_0 为太阳轮输入转矩；M_{load} 为负载转矩；M_{clutch} 为摩擦副制动转矩；下标 S、R、J 分别代表太阳轮、内齿圈和行星架。

摩擦副制动转矩与负载转矩之间的关系为

$$M_{\text{clutch}} = -\left(I_{\text{R}} \frac{d\omega_{\text{R}}}{dt} + \frac{I_{\text{J}} \dfrac{d\omega_{\text{J}}}{dt} + M_{\text{load}}}{r_{\text{R}} + r_{\text{S}}} r_{\text{R}} \right) \qquad (4.29)$$

在变速滑摩过程中，摩擦片同时受到油膜剪切转矩和粗糙接触转矩的作用，使内齿圈制动，通过行星架带动负载运动。根据转矩平衡原理，联立表达式（4.27）和表达式（4.29），即可求得变速滑摩过程中油膜厚度的变化，其表达式为

$$I_{\text{R}} \frac{d\omega_{\text{R}}}{dt} + \frac{I_{\text{J}} \dfrac{d\omega_{\text{J}}}{dt} + M_{\text{load}}}{r_{\text{R}} + r_{\text{S}}} r_{\text{R}} = n(1 - B_n)\zeta M_{\text{h}} + nB_n\zeta M_{\text{c}} \qquad (4.30)$$

相应地，摩擦副接触压力由油膜压力 $\bar{p}_{\text{h}}$ 和粗糙接触压力 p_{c} 两部分组成，由求得的油膜厚度计算油膜压力和粗糙接触压力，便可得到变速滑摩过程中摩擦副接触压力与半径及时间的关系，其表达式为

$$p = (1 - B_n)\bar{p}_{\text{h}} + B_n p_{\text{c}} \qquad (4.31)$$

表 4.1 给出了液黏离合器摩擦副和润滑油的相关参数。

表 4.1　液黏离合器摩擦副和润滑油的相关参数

变量名称	数值	变量名称	数值
摩擦副内径 r_1/mm	256	摩擦副外径 r_2/mm	332
润滑油密度 ρ_{h}/(kg·m^{-3})	886	负载转矩 M_{load}/(kN·m)	92
润滑油动力黏度 η/(Pa·s)	0.124	内齿圈转动惯量 I_{R}/(kg·m^2)	31.25
润滑油入口压力 p_{r}/MPa	0.3	行星架转动惯量 I_{J}/(kg·m^2)	19.23
粗糙面上的峰点密度 N_ε/m^{-2}	7×10^7	微凸峰曲率半径 R_ε/m	8×10^{-4}
两表面综合粗糙度均方根 σ/m	6.6×10^{-6}	综合粗糙峰顶高度均方差 σ^*/m	8×10^{-6}
摩擦片弹性模量 E_1/GPa	3	对偶钢片弹性模量 E_2/GPa	210
摩擦片泊松比 ν_1	0.25	对偶钢片泊松比 ν_2	0.3
摩擦副数 n	46	有效面积系数 ζ	0.487

摩擦副接触压力随着半径不同而发生变化，为研究某一半径处接触压力随滑摩时间的变化，以摩擦副中径 $r = 0.294$ m 处为例，接触压力如图 4.6 所示。由图 4.6 可知，接触压力先快速增大，后增长速率有所减缓，在达到最大值后略有下降，变化趋势近似 S 形曲线。开始时接触压力为 0.2 MPa，表明只有摩擦副接触压力达到此值后才能够带动负载开始运动。约在 6.5 s 时，接触压力达到最大值 1.5 MPa。在滑摩后期，油膜压力快速下降，而微凸峰压力的增长又趋于平缓，因此接触压力会有所下降。

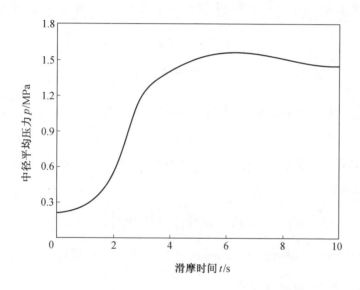

图 4.6　中径平均压力随时间的变化

4.2.2　热点扰动压力

Burton 研究热弹性不稳定性的方法是假设热点接触压力扰动为指数形式：

$$p(x, y, 0, t) = \exp(b_i t) p_i(x, y, 0) \tag{4.32}$$

将表达式（4.32）代入热传导方程、热弹性方程和边界条件，得到指数增长率 b_i 及其特征函数 p_i 的特征值求解问题。

恒定滑摩速度下接触压力扰动瞬态演化的通解可以写成如下形式：

$$p(x, y, 0, t) = \sum_{i=1}^{N_c} C_i \exp(b_i t) p_i(x, y, 0) \tag{4.33}$$

式中，N_c 为接触节点个数；C_i 为由初始条件 $p(x, y, 0)$ 确定的一组任意常数。

在离散的有限元模型中，N_c 等于接触节点个数，而对于连续模型，N_c 为无穷大。如果至少有一个特征值是正实数或具有正实部的复数，则扰动将以指数形式正增长，系统是不稳定的。

随着时间的推移，$\mathrm{Re}\{b_i\}$ 中的最大值项将主导瞬态响应，因此如果初始扰动非常小，它是唯一需要考虑的项。假设最大值项的扰动增长系数为 b_1，对应的特征函数为 p_1，可得

$$\frac{\partial p}{\partial t} = b_1 \exp(b_1 t) p_1 = b_1 p \tag{4.34}$$

当且仅当接触始终保持不变（否则问题将变为非线性），滑摩速度 v 为常数时，表达式（4.36）才适用。但是，对于变速度线性问题，可以通过假设表达式（4.34）仍然成立来近似求解，其中 b_1 为瞬时速度 $v(t)$ 下的主特征值，记为 $b(v(t))$。求解微分方程，可以得到

$$p = p_0 \exp\left(\int_0^t b(v(t)) \mathrm{d}t \right) \tag{4.35}$$

式中，p_0 为初始压力扰动幅值。p 是 $\cos(mx)=1$，即热点处的扰动压力。

4.2.3 变速滑摩扰动增长系数

根据 3.1 节的分析可知，扰动增长系数随摩擦副相对滑摩速度的变化而发生改变。当摩擦副相对滑摩速度以表达式（4.1）的方式呈反 S 形曲线时，可以得到热点数 $N=N_{cr}=43$ 时，摩擦副中径 $r = 0.294$ m 处扰动增长系数随时间变化的曲线，如图 4.7 所示。扰动增长系数变化趋势与摩擦副相对滑摩速度类似，也呈反 S 形曲线。开始时，摩擦副相对滑摩速度最大，系统热弹性稳定性最差，扰动增长系数最大；$t = 4.41$ s 时，摩擦副相对滑摩速度减小到临界速度以下，系统由不稳定状态变为稳定状态，扰动增长系数从正值变为负值；$t = 9.00$ s 时，扰动增长系数下降较快，此时摩擦副进入蠕行状态。

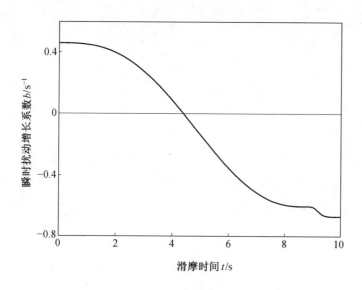

图 4.7　中径扰动增长系数随时间的变化

根据表达式（4.35），假设初始压力扰动幅值为滑动开始时的平均压力，即 $p_0 = p_1(t=0) = 0.212\,8$ MPa，则热点扰动压力随时间变化的曲线如图 4.8 所示。热点扰动压力在开始时上升速度较快，因为此时摩擦副相对滑摩速度最快，扰动增长系数最大；随后，摩擦副相对滑摩速度减慢，扰动增长系数减小，但是扰动压力的指数增长效应开始体现，所以热点扰动压力增长速度逐渐达到最大值；之后，摩擦副滑摩速度接近临界速度，扰动增长系数迅速减小，超过了指数增长效应的影响，所以热点扰动压力增长速度减小。在 $t=4.41$ s 时，摩擦副相对滑摩速度降至临界速度，扰动增长系数由正值变为负值，热点扰动压力也达到最大值；之后，摩擦副相对滑摩速度越来越小，扰动增长系数均为负值，热点扰动压力进入下降阶段；在 $t=8.26$ s 时，热点扰动压力降至初始压力扰动幅值 p_0，热弹性不稳定性对压力周向非均匀分布的影响已经非常微弱，此后压力扰动小于初始压力扰动，热弹性不稳定性的影响可以忽略。

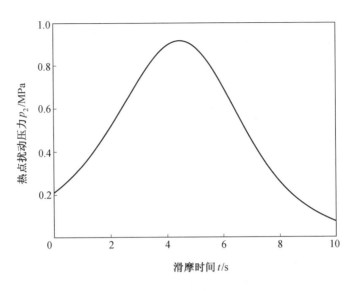

图 4.8　中径热点扰动压力随时间的变化

4.2.4　热点总压力

将变速滑摩过程中摩擦副中径处的平均压力与热弹性不稳定性导致的周向扰动压力相结合，得到液黏离合器变速滑摩过程摩擦副热点总压力随时间变化的情况。图 4.9 为摩擦副中径平均压力及热点总压力随着滑动时间变化的曲线。由图 4.9 可知，热点压力大于平均压力，上升速度先快后慢，在达到最大值后又迅速下降。在滑摩前期和中期压力上升阶段，热点压力上升速度大于平均压力上升速度，这是由于平均压力上升阶段也是摩擦副相对速度大于临界速度的阶段，扰动增长系数大于零，压力扰动幅值随时间的延长而增大，压力沿周向波动越来越剧烈，因而热点的压力随时间的延长越发偏离平均压力。滑摩后期，热点压力下降速度大于平均压力下降速度，这是因为这个阶段摩擦副相对速度小于临界速度，扰动增长系数小于零，压力扰动幅值随时间的延长减小，且热点和冷点的压力差逐渐被流动的冷却油抹平，压力沿周向波动越来越不明显，因而热点压力随时间的延长越发接近平均压力。

从图 4.9 中还可以看出，最大热点压力出现的时间早于最大平均压力出现的时间，这是由于相对转速从开始的最高速度减小到临界速度的时间点要早于平均压力达到最大值的时间点，而相对速度降到临界速度以下后，周向压力扰动幅值是随时间的延长逐渐减小的，热点压力逐渐接近平均压力，而此时平均压力还在上升阶段，因而会带动热点压力的快速回落，所以最大热点压力的出现先于最大平均压力。

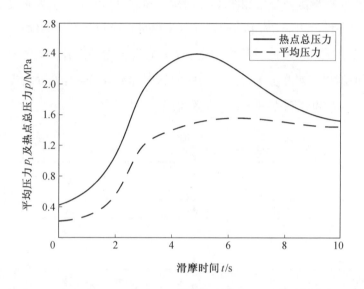

图 4.9　中径平均压力及热点总压力随时间的变化

4.3　摩擦副温度场动态分布特性研究

4.3.1　瞬态平均温度场模型

在滑摩过程中，摩擦表面会产生大量的摩擦热，假设产生的摩擦热全部由摩擦片和对偶钢片吸收，忽略热辐射散热的影响。摩擦片和对偶钢片的几何和负载关于中平面对称，两个表面均受热，为了简化计算过程，以一半厚度进行建模，同时材料的热物理属性保持不变。利用热传导理论，考虑轴对称性，在圆柱坐标系下分别建立对偶钢片、摩擦片的瞬态热传导微分方程：

$$\rho_j c_{cj} \frac{\partial T_j}{\partial t} = K_j \left(\frac{\partial^2 T_j}{\partial t^2} + \frac{1}{r} \cdot \frac{\partial T_j}{\partial t} + \frac{\partial^2 T_j}{\partial z_j^2} \right), \quad j = 1, 2, 3 \tag{4.36}$$

式中，$j = 1, 2, 3$ 分别表示摩擦材料、对偶钢片和中心片，T、ρ、c_c、K 分别表示三者的温度、密度、比热容和导热系数。

瞬态热传导问题中，温度与时间密切相关，为求解温度场，需设置相应的边界条件和初始条件。摩擦副热交换如图 4.10 所示，与润滑油间的对流换热及摩擦产生的热流共同作用于接触表面 CD 和 EF。摩擦热沿轴向向摩擦片及对偶钢片内部传递，对偶钢片内外径 AD、BC 和摩擦片内外径 EH、FG 与润滑油间存在对流换热。由于液黏离合器摩擦副由多对摩擦副组成，中间的摩擦片及对偶钢片两面均受热，因而将对偶钢片中线 AB 和摩擦片中线 GH 设置为绝热边界。

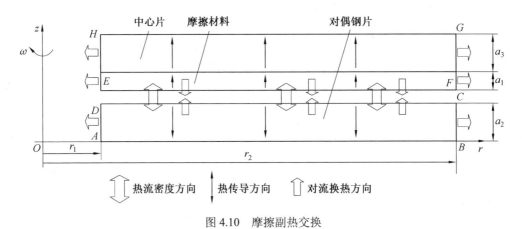

图 4.10　摩擦副热交换

初始时刻的温度表达式为

$$T(r, z, t)\big|_{t=0} = T_c,\ r_1 \leqslant r \leqslant r_2,\ 0 \leqslant z \leqslant a_1 + a_2 + a_3 \tag{4.37}$$

式中，T_c 为摩擦副初始温度，假设为 30 ℃。

绝热边界条件表达式为

$$\frac{\partial T_2}{\partial z}\bigg|_{z=0} = 0,\ r_1 \leqslant r \leqslant r_2,\ 0 \leqslant t \leqslant t_1 \tag{4.38}$$

$$\frac{\partial T_3}{\partial z}\bigg|_{z=a_1+a_2+a_3} = 0,\ r_1 \leqslant r \leqslant r_2,\ 0 \leqslant t \leqslant t_1 \tag{4.39}$$

热流密度条件表达式为

$$K_1 \frac{\partial T_1}{\partial z}\Big|_{EF} = q_1(r, t), \ r_1 \leqslant r \leqslant r_2, \ 0 \leqslant t \leqslant t_1 \qquad (4.40)$$

$$K_2 \frac{\partial T_2}{\partial z}\Big|_{CD} = q_2(r, t), \ r_1 \leqslant r \leqslant r_2, \ 0 \leqslant t \leqslant t_1 \qquad (4.41)$$

式中，q 为热流密度。

在变速滑摩过程中，接触摩擦面上的热流密度与时间、半径相关，可表示为

$$q(r,t) = rfp(r,t)\omega(t) \qquad (4.42)$$

式中，f 为摩擦系数；$p(r, t)$ 为摩擦副接触压力；$\omega(t)$ 为摩擦副相对滑摩角速度。

对偶钢片和摩擦片的材料不同，因此输入到两者的热流密度也是不同的，可由下式进行计算：

$$q_2(r, t) = \xi q(r, t) \qquad (4.43)$$

$$q_1(r, t) = (1 - \xi)q(r, t) \qquad (4.44)$$

$$\xi = \frac{\sqrt{\rho_2 c_{c2} K_2}}{\sqrt{\rho_1 c_{c1} K_1} + \sqrt{\rho_2 c_{c2} K_2}} \qquad (4.45)$$

式中，ζ 为流入到对偶钢片的热流密度占总热流密度的比例。

对流换热系数与相对运动速度密切相关，因此随摩擦副径向位置的变化而发生改变。

对流换热条件表达式为

$$q_\beta = \beta(r)(T_i - T_a) \qquad (4.46)$$

$$\beta(r) = 0.332 Pr^{1/3} Re^{1/2} \frac{K_o}{r} \qquad (4.47)$$

$$Pr = \eta c_o K_o \qquad (4.48)$$

$$Re = \frac{vh\rho_h}{\eta} \qquad (4.49)$$

$$K_1 \frac{\partial T_1}{\partial z}\Big|_{EF} = \beta(r)_1 (T_o - T_1), \ r_1 \leqslant r \leqslant r_2, \ 0 \leqslant t \leqslant t_1 \qquad (4.50)$$

$$K_2 \frac{\partial T_2}{\partial z}\Big|_{EF} = \beta(r)_2 (T_o - T_2),\ r_1 \leqslant r \leqslant r_2,\ 0 \leqslant t \leqslant t_1 \qquad (4.51)$$

$$K_2 \frac{\partial T_2}{\partial z}\Big|_{r=r_1} = \beta(r_1)_2 (T_o - T_2),\ -d_2 \leqslant z_2 \leqslant 0,\ 0 \leqslant t \leqslant t_1 \qquad (4.52)$$

$$K_2 \frac{\partial T_2}{\partial z}\Big|_{r=r_2} = \beta(r_2)_2 (T_o - T_2),\ -d_2 \leqslant z_2 \leqslant 0,\ 0 \leqslant t \leqslant t_1 \qquad (4.53)$$

$$K_1 \frac{\partial T_1}{\partial z}\Big|_{r=r_1} = \beta(r_1)_1 (T_o - T_2),\ 0 \leqslant z \leqslant d_1,\ 0 \leqslant t \leqslant t_1 \qquad (4.54)$$

$$K_1 \frac{\partial T_1}{\partial z}\Big|_{r=r_2} = \beta(r_2)_1 (T_o - T_2),\ 0 \leqslant z \leqslant d_1,\ 0 \leqslant t \leqslant t_1 \qquad (4.55)$$

$$K_3 \frac{\partial T_3}{\partial z}\Big|_{r=r_1} = \beta(r_1)_3 (T_o - T_2),\ d_1 \leqslant z \leqslant d_1 + d_3,\ 0 \leqslant t \leqslant t_1 \qquad (4.56)$$

$$K_3 \frac{\partial T_3}{\partial z}\Big|_{r=r_2} = \beta(r_2)_3 (T_o - T_2),\ d_1 \leqslant z \leqslant d_1 + d_3,\ 0 \leqslant t \leqslant t_1 \qquad (4.57)$$

式中，q_β 为对流换热产生的热流密度；T_o 为润滑油温度；Pr 为润滑油普朗特数；Re 为润滑油雷诺数；c_o 为润滑油比热容；K_o 为润滑油导热系数；ρ_h 为润滑油密度；$\beta(r)$ 为接触表面对流换热系数；$\beta(r_1)$、$\beta(r_2)$ 为内径、外径表面与润滑油的对流换热系数。

考虑双圆弧油槽的周期对称性，在 Pro/E 软件中建立三维几何模型，导入 ABAQUS 软件中进行仿真计算。摩擦副的结构参数及材料参数见表 4.2。

表 4.2　摩擦副的结构参数及材料参数

变量名称	数值
摩擦材料厚度 a_1/mm	1
对偶钢片半厚度 a_2/mm	1.25
中心片半厚度 a_3/mm	1.2
油槽深度/mm	0.5

续表 4.2

变量名称	数值
对偶钢片和中心片密度 ρ_2、ρ_3/(kg·m^{-3})	7 800
摩擦材料密度 ρ_1/(kg·m^{-3})	1 450
对偶钢片和中心片比热容 c_{c2}、c_{c3}/(J·kg^{-3}·℃$^{-1}$)	460
摩擦材料比热容 c_{c1}/(J·kg^{-1}·℃$^{-1}$)	1 580
对偶钢片和中心片导热系数 K_2、K_3/(W·m^{-1}·℃$^{-1}$)	45
摩擦材料导热系数 K_1/(W·m^{-1}·℃$^{-1}$)	2.2

4.3.2　中径平均温度

提取对偶钢片某一半径处各节点的温度并取均值，可以得到该半径处的平均温度随时间变化的情况。以摩擦副中径 $r = 294$ mm 为例，图 4.11 为反 S 形变速滑摩过程中对偶钢片中径温度随滑摩时间变化的曲线。

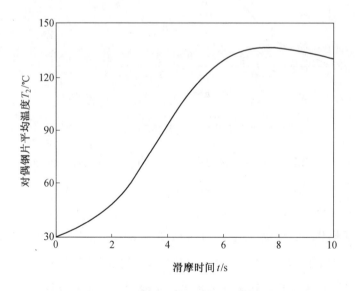

图 4.11　对偶钢片中径平均温度随时间的变化

由图 4.11 可知，中径温度随时间的延长上升速度先快后慢，在达到最大值后又缓慢下降。这是因为滑摩初始阶段虽然相对滑摩速度最快，但是摩擦副接触压力较小，产生的摩擦热少。随着摩擦副接触压力的增大，摩擦产生的热量增多，温度迅速升高。在 t =7.6 s 时，温度达到最大值，为 135 ℃，此时相对滑摩产生的热量与对流换热作用的散热量达到动态平衡。而在滑摩后期，摩擦副相对转速很低，产生的摩擦热减少，生热量低于散热量，因此温度下降。

图 4.12 为反 S 形变速滑摩过程中摩擦片中径温度随滑摩时间变化的曲线。

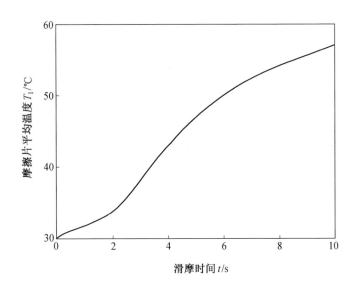

图 4.12　摩擦片中径平均温度随时间的变化

由图 4.12 可知，摩擦片温度升高速率小于对偶钢片温度升高速率，这是由于摩擦片导热系数小于对偶钢片导热系数，流入摩擦片的热量小于流入对偶钢片的热量，且摩擦片表面有油槽，冷却油会持续带走摩擦片的热量。摩擦片中径平均温度在前期和中期的变化趋势与对偶钢片温度变化趋势基本相同，也是随时间的延长上升速度先快后慢。产生这种现象的原因是由于初始阶段摩擦副接触压力较小，产生的摩擦热较少；而滑摩中期摩擦副接触压力较大，摩擦产生的热量增多。但是在滑摩后期，摩擦片温度继续上升，这与对偶钢片温度的变化趋势相反。这是由于在滑摩后期，虽然油槽中的冷却油会持续带走热量，但是非油槽区域摩擦材料与对偶钢片紧密贴合，而对偶钢片温度显著高于摩擦片温度，对偶钢片会向摩擦片传递热量，且所传递热量大于冷却油带走的热量，所以摩擦片在滑摩后期会继续升温，只是温度上升速率有所减缓。

4.3.3　热点扰动温度

Burton 研究热弹性不稳定性的方法是假设扰动问题的解为指数形式：

$$T(x,\ y,\ z,\ t) = \exp(b_i t)\theta_i(x,\ y,\ z) \tag{4.58}$$

将表达式（4.58）代入热传导方程、热弹性方程和边界条件，得到指数增长率 b_i 及其特征函数 θ_i 的特征值求解问题。

恒定滑摩速度下扰动瞬态演化的通解可以写成特征函数级数形式：

$$T(x,\ y,\ z,\ t) = \sum_{i=1}^{N_z} D_i \exp(b_i t)\theta_i(x,\ y,\ z) \tag{4.59}$$

式中，N_z 为总节点数；D_i 为由初始条件 $T(x,\ y,\ z,\ 0)$ 确定的一组任意常数。

在离散的有限元模型中，N_z 等于节点个数；而对于连续模型，N_z 为无穷大。如果至少有一个特征值是正实数或具有正实部的复数，则扰动将以指数形式正增长，系统在线性系统中是不稳定的。

随着时间的推移，$\mathrm{Re}\{b_i\}$ 中的最大值项将主导瞬态响应，因此如果初始扰动非常小，它是唯一需要考虑的项。假设最大值项的扰动增长系数为 b_1，对应的特征函数为 θ_1，可得

$$\frac{\partial T}{\partial t} = b_1 \exp(b_1 t)\theta_1 = b_1 T \tag{4.60}$$

当且仅当接触始终保持不变（否则问题将变为非线性），滑摩速度 v 为常数时，表达式（4.60）才适用。但是，对于变速度线性问题，可以通过假设表达式（4.60）仍然成立来近似求解，其中 b_1 为瞬时速度 $v(t)$ 下的主特征值，记为 $b(v(t))$。求解微分方程，可得

$$T = T_0 \exp\left(\int_0^t b(v(t))\mathrm{d}t\right) \qquad (4.61)$$

式中，T 为接触界面上热点处的扰动温度；T_0 为初始温度扰动幅值。

根据 3.3.1 节的分析可知，初始温度扰动幅值与初始压力扰动幅值成比例关系，当摩擦副相对滑摩速度以表达式（4.1）的方式呈反 S 形曲线时，可以得到热点数 $N=N_{cr}=43$ 时，摩擦副中径 $r = 294$ mm 处扰动增长系数随时间变化的情况。

4.3.4　热点总温度

将变速滑摩过程中摩擦副中径处的平均温度与热弹性不稳定性导致的周向扰动温度相结合，得到液黏离合器变速滑摩过程摩擦副热点及冷点总温度随时间变化的情况。图 4.13 为反 S 形变速滑摩过程中对偶钢片中径处热点及冷点温度随时间变化的曲线。

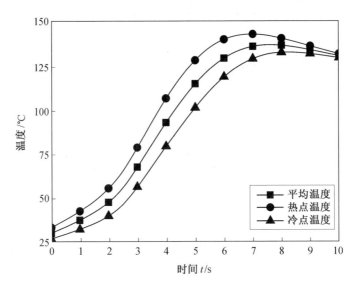

图 4.13　对偶钢片中径热点及冷点温度随时间变化的曲线

由图 4.13 可知，对偶钢片中径处热点及冷点温度变化趋势与中径平均温度变化趋势类似，都是上升速度先快后慢，在达到最大值后又缓慢下降。在滑摩前期和中期温度上升阶段，热点温度上升速度大于平均温度上升速度，而冷点温度上升速度小于平均温度上升速度，这是由于平均温度上升阶段也是摩擦副相对速度大于临界速度的阶段，扰动增长系数大于零，温度扰动幅值随时间的延长而增大，温度沿周向波动越来越剧烈，因而热点和冷点的温度都随时间的延长而越发偏离平均温度。滑摩后期，热点温度下降速度大于平均温度下降速度，冷点温度下降速度小于平均温度下降速度，这是因为这个阶段摩擦副相对速度小于临界速度，扰动增长系数小于零，温度扰动幅值随时间的延长而减小，且热点和冷点的温度差逐渐被流动的冷却油抹平，温度沿周向波动越来越不明显。从图 4.13 中还可以看出，最高热点温度出现的时间早于最高冷点温度出现的时间，这是由于相对转速从开始的最高速度减小到临界速度的时间点要早于平均温度达到最大值的时间点，而相对转速降到临界速度以下后，周向温度扰动幅值是随时间的延长而逐渐减小的，热点和冷点温度都逐渐接近平均温度，而此时平均温度还在上升阶段，因而会带动冷点温度的继续上升及热点温度的快速回落，所以最高热点温度的出现时间早于最高冷点温度。由于扰动相对于摩擦片的运动速度极快，能达到摩擦副相对滑摩速度的 99%以上，且摩擦材料的 Peclet 数很大，摩擦片表面温度的扰动不大，故摩擦片表面的热点总温度接近于平均温度。

4.3.5　变速滑摩时间的影响

图 4.14 为不同反 S 形变速滑摩时间（20 s、30 s 和 40 s）下，对偶钢片中径热点、冷点及平均温度随时间变化的曲线。

由图 4.14 可知，不同变速滑摩时间下，对偶钢片温度变化趋势相似，均是上升速度先快后慢，在达到最大值后又缓慢下降。滑摩时间不同，对偶钢片平均温度最大值不同，分别为 189.52 ℃、233.96 ℃和 272.12 ℃。反 S 形变速滑摩时间越长，温度越高。此外，反 S 形变速滑摩时间对扰动温度的影响也很大，不同滑摩时间下，热点温度最大值分别为 200.14 ℃、262.25 ℃和 317.64 ℃，分别比各自的平均温度高 10.62 ℃、28.29 ℃和 45.52 ℃，并且热点最高温度比最高平均温度出现的时间分别提前 2.1 s、5.2 s、7.6 s，滑摩时间越长，温度扰动越剧烈。这是由于滑摩前期和中期，摩擦副相对速度大于临界速度，扰动增长系数大于零，温度扰动幅值随时间的延长而增大，并且反 S 形滑摩时间越长，扰动温度增长的指数效应越显著，热点温度比平均温度增长越剧烈。由此可见，摩擦副温度场及扰动温度的分布受变速滑摩时间的影响显著。

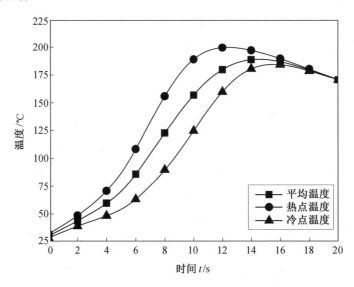

（a）变速滑摩时间为 20 s

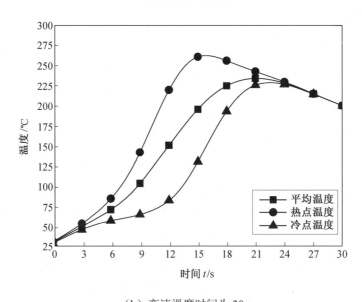

（b）变速滑摩时间为 30 s

图 4.14　不同反 S 形变速滑摩时间下对偶钢片中径热点及冷点温度随时间的变化

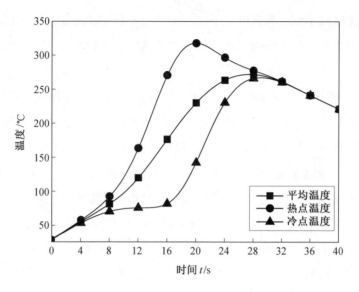

（c）变速滑摩时间为 40 s

续图 4.14

4.4　本 章 小 结

以液黏离合器摩擦副变速滑摩过程为研究对象，提出了平均接触压力及压力扰动幅值的计算方法，探明了摩擦副热点压力在变速滑摩过程中的变化规律；建立了瞬态温度场分析模型，应用有限元法获得了摩擦副的径向平均温度变化，考虑变速滑摩过程中扰动增长系数的变化，得到扰动温度的计算方法，揭示了变速滑摩过程中摩擦副热点温度的变化规律。主要结论如下。

（1）摩擦副呈反 S 形滑摩过程中，摩擦副平均接触压力首先快速增长，后增长速率有所减缓，在达到最大值后略有下降，变化趋势近似 S 形曲线。摩擦副间压力达到一定值后才能够带动负载运动。在滑摩后期，油膜压力快速下降，而微凸峰压力的增长又趋于平缓，因此接触压力会有所下降。

（2）扰动增长系数变化趋势与摩擦副相对滑摩速度类似，呈反 S 形曲线。开始时，摩擦副相对滑摩速度最大，系统热弹性稳定性最差，扰动增长系数最大；摩擦副相对滑摩速度减小到临界速度以下时，系统由不稳定状态变为稳定状态，扰动增长系数从正值变为负值；滑动后期，扰动增长系数下降较快，此时摩擦副进入蠕行状态。

（3）热点扰动压力在开始时上升速度较快，因为此时摩擦副相对滑摩速度最快，扰动增长系数最大；随后，摩擦副相对滑摩速度减慢，扰动增长系数减小，但是扰动压力的指数增长效应开始体现，所以热点扰动压力增长速度逐渐达到最大值；之后，摩擦副滑摩速度接近临界速度，扰动增长系数迅速减小，超过了指数增长效应的影响，所以热点扰动压力增长速度减小。摩擦副相对滑摩速度降至临界速度以下时，扰动增长系数由正值变为负值，热点扰动压力也达到最大值；之后，摩擦副相对滑摩速度越来越小，扰动增长系数均为负值，热点扰动压力进入下降阶段；热点扰动压力降至初始压力扰动幅值以下时，热弹性不稳定性的影响可以忽略。

（4）对偶钢片平均温度随着摩时间的延长上升速度先快后慢，在达到最大值后逐渐下降，摩擦片平均温度随着摩时间的延长单调上升，在反 S 形滑摩结束时达到最大值，但只有对偶钢片最高温度的一半。摩擦片温度在前期和中期的变化趋势与对偶钢片温度变化趋势基本相同，但是在滑摩后期，摩擦片温度继续上升，这与对偶钢片温度的变化趋势相反，这是由于在滑摩后期，虽然油槽中的冷却油会持续带走热量，但是非油槽区域摩擦材料与对偶钢片紧密贴合，而对偶钢片温度显著高于摩擦片温度，对偶钢片会向摩擦片传递热量，且所传递热量大于冷却油带走的热量，所以摩擦片在滑摩后期会继续升温，只是温度上升速率有所减缓。摩擦片最高温度约为对偶钢片最高温度的一半。

（5）对偶钢片热点及冷点温度变化趋势与平均温度变化趋势类似，都是上升速度先快后慢，在达到最大值后又缓慢下降。热点温度变化速度大于冷点温度变化速度。这是由于变速滑摩前期和中期温度上升阶段，扰动增长系数大于零，温度扰动幅值随时间的延长而增大，温度沿周向波动越来越剧烈，热点和冷点的温度都随时间的延长而越发偏离平均温度；变速滑摩后期，摩擦副相对速度小于临界速度，扰动增长系数小于零，温度扰动幅值随时间的延长而减小，且热点和冷点的温度差逐渐被流动的冷却油抹平，温度沿周向波动越来越不明显，因而热点和冷点的温度都随时间的延长而越发接近平均温度。

（6）不同变速滑摩时间下，对偶钢片温度变化趋势相似，均是上升速度先快后慢，在达到最大值后又缓慢下降。滑摩时间越长，平均温度越高，温度扰动越剧烈。

第 5 章 液黏离合器摩擦副磨损对热弹性不稳定性的影响

研究热弹性不稳定性问题时，必须对模型进行一些简化和假设，才能应用理论模型和解析法来求解临界速度，虽然这会带来一定的便利，但是也会造成误差。除此之外，理论模型的计算量很大，推导出的临界速度公式难以进行准确求解。有限元法可以很好地解决解析法带来的问题，可以对实际的摩擦副结构进行分析，同时对临界速度的推导过程简单明确，也可以应用于具有非均匀边界条件的问题。因此，随着对热弹性不稳定性问题的深入研究及计算机性能的发展，有限元的应用具有良好的发展前景。

有限元法是一种以归纳离散和分片插值为基本思想的数值计算方法，其基础是差分法和变分法，伽辽金法的特点是权函数与形函数相同，是加权残值法的一种，这种方法经常会得到对称矩阵，是有限元法中应用最广泛的方法。利用伽辽金法，结合热弹性方程和经典的 Reye-Archard-Khrushchov 磨损定律，建立磨损对热弹性不稳定性影响的有限元模型。利用已有的双材料无限半平面解析解，验证无磨损极限情况等几种典型情况下的数值解。应用有限元模型研究常用摩擦副厚度及磨损系数对热弹性不稳定性临界速度的综合影响。

5.1 解析模型

5.1.1 温度场

由 Papangelo 和 Ciavarella 建立的磨损效应解析模型包含两个以恒定速度 v 滑动的半无限大平面。扰动相对于两种材料都运动，将全局坐标系 (x, y, z) 与扰动固定，

则两种材料的移动速度分别为 c_1 和 c_2，如图 5.1 所示。相对滑动速度 v 与两种材料的速度关系为 $v = |c_1 - c_2|$。相应的温度场 T 必须满足具有适当对流项的热扩散方程。在图 5.1 中，平面外方向为 y，平面内方向为 (x_j, z_j)，$j=1, 2$ 表示半平面代号。

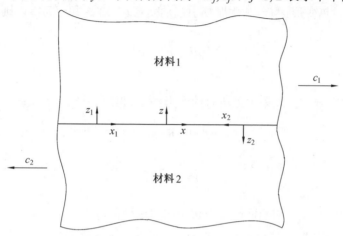

图 5.1　两种材料相对滑动原理图

两种材料的温度场 T 必须满足具有适当对流项的热扩散方程。瞬态热传导方程为

$$\frac{\partial^2 T_j}{\partial x^2} + \frac{\partial^2 T_j}{\partial z_j^2} + \frac{c_j}{k_j} \cdot \frac{\partial T_j}{\partial x} = \frac{1}{k_j} \cdot \frac{\partial T_j}{\partial t} \qquad (5.1)$$

式中，T_j 为材料 j 的温度场；k_j 为材料 j 的扩散系数；t 为时间。

方程（5.1）的通解可以用扰动形式表示为

$$T_j(x_j, z_j, t) = \mathrm{Re}\left\{ \Theta_0 e^{-\lambda_j z_j} e^{bt} e^{imx} \right\} \qquad (5.2)$$

式中，Θ_0 为温度扰动幅值；e 为复常数；b 为扰动增长率；$i = \sqrt{-1}$ 为复数单位；$m = \dfrac{2\pi}{l}$ 为扰动频率；l 为扰动波长；λ_j 为自定义参数。λ_j 的表达式为

$$\lambda_j = \sqrt{m^2 + \frac{b}{k_j} - \frac{imc_j}{k_j}} \qquad (5.3)$$

5.1.2　压力场

根据两种材料始终接触的假设可知，在与扰动固联的参照系中，两种材料的弹性变形 $u_{zj}^{el}(x)$、热变形 $u_{zj}^{th}(x)$ 和由磨损引起的变形 $u_{zj}^{w}(x)$ 之和应为零，则有

$$\sum_{j=1}^{2}(u_{zj}^{el}+u_{zj}^{th}+u_{zj}^{w})=0 \tag{5.4}$$

在与扰动固联的参照系中把所有的变形和压力都写成扰动形式：

$$u_z(x)=\mathrm{Re}\{Ue^{bt}\,\mathrm{e}^{imx}\} \tag{5.5}$$

$$p(x)=p_0\,\mathrm{Re}\{e^{bt}\,\mathrm{e}^{imx}\} \tag{5.6}$$

式中，U 为初始变形扰动幅值；p_0 为初始压力扰动幅值。

根据 Barber 的研究结果可知，两种材料的弹性变形之和为

$$\sum_{j=1}^{2}u_{zj}^{el}=\frac{2p_0}{m\tilde{E}}\mathrm{Re}\{e^{bt}\,\mathrm{e}^{imx}\} \tag{5.7}$$

式中，$\tilde{E}$ 为综合弹性模量，并且有

$$\frac{1}{\tilde{E}}=\frac{1-v_1^2}{E_1}+\frac{1-v_2^2}{E_2} \tag{5.8}$$

式中，E_1、E_2 为弹性模量；v_1、v_2 为泊松比。

对于热变形，Barber 的研究结果表明，在没有接触压力的情况下，半平面在 $z=0$ 处的热变形表达式为

$$u_{zj}^{th}(x,0,t)=-\mathrm{Re}\left\{\frac{2\alpha_j(1+v_j)}{m+\lambda_j}\Theta_0e^{bt}\,\mathrm{e}^{imx}\right\} \tag{5.9}$$

式中，α_j 为热膨胀系数。

最后，将磨损变形写成与弹性变形和热变形一样的扰动形式：

$$u_{zj}^{w}(x)=\mathrm{Re}\{w_je^{bt}\,\mathrm{e}^{imx}\} \tag{5.10}$$

式中，w_j 为磨损变形扰动幅值，复常数。

在与扰动固联的参照系中，磨损变形和接触压力分别为

$$u_{zj}^w(x) = \text{Re}\{w_j e^{bt}\, e^{im(x_j - c_j t)}\} \tag{5.11}$$

$$p(x) = p_0\, \text{Re}\{e^{bt}\, e^{im(x_j - c_j t)}\} \tag{5.12}$$

根据 Reye-Archard-Khrushchov 磨损定律，磨损率与耗散在摩擦中的能量密度成正比，即

$$\dot{u}_{zj}^w(x_j, t) = W_j p(x_j, t) v \tag{5.13}$$

式中，W_j 为磨损系数。

对表达式（5.11）求导，与表达式（5.12）一起代入表达式（5.13），约去两边的扰动项，可得

$$w_j = \frac{W_j}{b - imc_j} p_0 v \tag{5.14}$$

将表达式（5.14）代入表达式（5.11）中，可得磨损变形表达式为

$$u_{zj}^w(x) = \text{Re}\left\{\frac{W_j}{b - imc_j} p_0 v e^{bt}\, e^{im(x_j - c_j t)}\right\} \tag{5.15}$$

将 3 种变形的表达式（5.7）、表达式（5.9）和表达式（5.15）分别代入边界条件表达式（5.4），可得

$$\text{Re}\left\{\frac{2}{m\tilde{E}} p_0 e^{bt}\, e^{imx} - \sum_{j=1}^{2}\left(\frac{2\alpha_j(1+v_j)}{m+\lambda_j}\Theta_0 - \frac{W_j}{b-imc_j} p_0 v\right) e^{bt}\, e^{imx}\right\} = 0 \tag{5.16}$$

因而，压力扰动幅值 p_0 与温度扰动幅值 Θ_0 的关系为

$$p_0 = \frac{\displaystyle\sum_{j=1}^{2}\frac{2\alpha_j(1+v_j)}{m+\lambda_j}}{\displaystyle\frac{2}{m\tilde{E}} + V\sum_{j=1}^{2}\frac{W_j}{b-imc_j}}\Theta_0 \tag{5.17}$$

5.1.3　特征方程

两种材料表面总的热流密度为

$$q(x) = K_1 \frac{\partial T_1}{\partial z_1} - K_2 \frac{\partial T_2}{\partial z_2} = \mathrm{Re}\left\{ \Theta_0 \sum_{j=1}^{2} K_j \lambda_j \mathrm{e}^{bt} \mathrm{e}^{imx} \right\} \tag{5.18}$$

摩擦产生的总热量为

$$q(x) = fVp(x) \tag{5.19}$$

将表达式（5.6）、表达式（5.17）和表达式（5.19）分别代入表达式（5.18），可得

$$\mathrm{Re}\left\{ \Theta_0 \sum_{j=1}^{2} K_j \lambda_j \mathrm{e}^{bt} \mathrm{e}^{imx} \right\} = f|c_1 - c_2| \mathrm{Re}\left\{ \frac{\sum_{j=1}^{2} \dfrac{2\alpha_j(1+\nu_j)}{m+\lambda_j}}{\dfrac{2}{m\tilde{E}} + V\sum_{j=1}^{2} \dfrac{W_j}{b - imc_j}} \Theta_0 \mathrm{e}^{bt} \mathrm{e}^{imx} \right\} \tag{5.20}$$

假设在滑摩过程中，接触面始终接触，表达式（5.20）对于任意 x、t 都相等，消去两边的 $\mathrm{Re}\{\Theta_0 e^{bt} e^{imx}\}$ 项，可以得到特征方程：

$$\sum_{j=1}^{2} K_j \lambda_j = f|c_1 - c_2| \frac{\sum_{j=1}^{2} \dfrac{2\alpha_j(1+\nu_j)}{m+\lambda_j}}{\dfrac{2}{m\tilde{E}} + V\sum_{j=1}^{2} \dfrac{W_j}{b - imc_j}} \tag{5.21}$$

如果令表达式（5.21）的实部和虚部都为零，并且令扰动增长系数 $b=0$ 可以求得两种材料在全局坐标系下的扰动迁移速度，进而求得临界速度。

定义下列无量纲化参数：

$$K^* = \frac{K_1}{K_2}, \quad k^* = \frac{k_1}{k_2}, \quad \alpha^* = \frac{\alpha_1(1+\nu_1)}{\alpha_2(1+\nu_2)} \tag{5.22（a）}$$

$$\lambda_j^* = \frac{\lambda_j}{m}, \quad c_j^* = \frac{c_j}{mk_2}, \quad b^* = \frac{b}{k_2 m^2} \tag{5.22（b）}$$

$$W_j^* = \tilde{E} W_j, \quad R^* = \frac{W_2}{W_1}, \quad H^* = \frac{k_2 f}{K_2} \tilde{E} \alpha_2(1+\nu_2) \tag{5.22（c）}$$

可以得到无量纲化特征方程：

$$(K^* \lambda_1^* + \lambda_2^*)\left[1 + \mathrm{i}\frac{W_1^*}{2}\left|c_1^* - c_2^*\right|\left(\frac{1}{c_1^*} + R^*\frac{1}{c_2^*}\right)\right] - H^*\left|c_1^* - c_2^*\right|\left(\frac{\alpha^*}{1 + \lambda_1^*} + \frac{1}{1 + \lambda_2^*}\right) = 0 \quad （5.23）$$

5.1.4　极限情况

一种极限情况是导热摩擦材料在绝热摩擦材料上滑动。在实际使用的液黏离合器中并不存在完全绝热的摩擦材料，对于导热性较差的摩擦材料，可以采用绝热条件近似求解热弹性不稳定性临界速度，简化求解过程，提高计算效率。绝热摩擦材料的导热系数为零，假设材料 1 为绝热材料，则无量纲化的导热系数比和热扩散系数比都为零，$K^* = k^* \to 0$。在这种情况下，根据 Burton 的研究结果可知，扰动对材料 1 的迁移速度为零，即

$$c_2 \to 0, \quad c_1 \to v \quad （5.24）$$

当 $b=0$ 时，假设：

$$\lambda_1^* = \sqrt{1 - \mathrm{i}\frac{c_1^*}{k^*}} = x_1^* - \mathrm{i}z_1^* \quad （5.25（a））$$

$$\lambda_2^* = \sqrt{1 - \mathrm{i}c_2^*} = x_2^* - \mathrm{i}z_2^* \quad （5.25（b））$$

可以得到：

$$x_1^* = z_1^* \to \sqrt{\frac{c_1^*}{2k^*}} \quad （5.26（a））$$

$$x_2^* \to 1 + \frac{1}{8}(c_2^*)^2, \quad z_2^* \to -\frac{c_2^*}{2} \quad （5.26（b））$$

此时，无量纲化特征方程（5.23）变为

$$1 + \frac{1}{8}(c_2^*)^2 + \frac{1}{4}W_1^*(c_2^* + R^*c_1^*) - H^*c_1^*\left(\alpha^*\sqrt{\frac{k_1^*}{2c_1^*}} + \frac{1}{2}\right) = 0 \quad （5.27）$$

将表达式（5.24）代入表达式（5.27），可得

$$1+\frac{1}{4}W_1^* R^* c_1^* - \frac{1}{2}H^* c_1^* = 0 \tag{5.28}$$

此时无量纲临界速度表达式为

$$V_{cr}^* = c_1^* = \frac{4}{2H^* - W_1^* R^*} \tag{5.29}$$

如果忽略磨损的影响，则得到无量纲化的 Burton 临界速度表达式：

$$v^* = \frac{2}{H^*} \tag{5.30}$$

定义一个特殊的无量纲化磨损系数：

$$W^* = \frac{2k_2 f\tilde{E}\alpha_2(1+v_2)}{K_2} = 2H^* \tag{5.31}$$

则表达式（5.29）变为

$$v_{cr}^* = \frac{2}{H^*\left(1-\dfrac{W_1^*}{W^*}R^*\right)} \tag{5.32}$$

所以，当 $\dfrac{W_1^*}{R^*} \to W^*$，即 $W_1^* R^* = W_2^* \to W^*$ 时，$v_{cr}^* \to \infty$，即存在一个临界磨损系数，当材料的磨损系数超过临界磨损系数时，磨损完全抑制热弹性不稳定性的发生。对于绝热摩擦材料，临界磨损系数为表达式（5.31）所定义的 W^*；对于导热摩擦材料，临界磨损系数为 $\dfrac{W^*}{R^*}$。

另一种极限情况是两种材料相同。此时扰动相对于两种材料的移动速度大小相等，方向相反，即

$$c_1 = -c_2 = \frac{v}{2} \tag{5.33}$$

此时，无量纲化特征方程（5.23）变为

$$\lambda_1^* + \lambda_2^* = H^* \left| c_1^* - c_2^* \right| \left(\frac{1}{1+\lambda_1^*} + \frac{1}{1+\lambda_2^*} \right) \tag{5.34}$$

当 $b=0$ 时，假设：

$$\lambda_1^* = \sqrt{1 - \mathrm{i}\frac{v_{\mathrm{cr}}^*}{2}} = x^* - \mathrm{i}z^*$$

$$\lambda_2^* = \sqrt{1 + \mathrm{i}\frac{v_{\mathrm{cr}}^*}{2}} = x^* + \mathrm{i}z^* \tag{5.35}$$

将表达式（5.35）代入方程（5.34），可得

$$2H^* = \frac{x^*}{z^*} = \sqrt{\frac{\sqrt{1+\left(\frac{v_{\mathrm{cr}}^*}{2}\right)^2}+1}{\sqrt{1+\left(\frac{v_{\mathrm{cr}}^*}{2}\right)^2}-1}} \tag{5.36}$$

即

$$v_{\mathrm{cr}}^* = \left| \frac{8H^*}{4(H^*)^2 - 1} \right| \tag{5.37}$$

因此，在两种材料相同的情况下，磨损不会影响热弹性不稳定性问题。

5.2　有限元模型

5.2.1　温度场

假设一个二维滑动系统，在该系统中，运动物体（材料 1）在静止物体（材料 2）上以恒定速度向正方向滑动，并在一个共同的界面上发生接触，如图 5.1 所示。假设除滑动界面外的所有边界都是绝热的，且这两种材料在水平方向无限延伸。

热传导方程为

$$K_j \nabla^2 T - \rho_j c_{cj} \left(\frac{\partial T}{\partial t} + v \frac{\partial T}{\partial x} \right) = 0 \qquad (5.38)$$

假设扰动温度为

$$T(x, z, t) = \mathrm{e}^{bt + imx} \boldsymbol{\Theta}(z) \qquad (5.39)$$

将表达式（5.39）代入表达式（5.38），可得

$$K_j \nabla^2 \boldsymbol{\Theta} - [K_j m^2 + \rho c_{cj}(imv + b)]\boldsymbol{\Theta} = 0 \qquad (5.40)$$

式中，$\boldsymbol{\Theta}$ 为节点温度向量。

5.2.2 离散化控制方程

利用适当的边界条件，采用伽辽金法将模型离散，得到矩阵形式的方程组：

$$(\boldsymbol{S} + v\boldsymbol{H} + b\boldsymbol{M})\boldsymbol{\Theta} + \boldsymbol{\Phi} f v \boldsymbol{P} = 0 \qquad (5.41)$$

$$\boldsymbol{S} = \iint_\Omega K_j \left(\frac{\partial \boldsymbol{W}}{\partial z} \frac{\partial \boldsymbol{W}^{\mathrm{T}}}{\partial z} + m^2 \boldsymbol{W} \boldsymbol{W}^{\mathrm{T}} \right) \mathrm{d}\Omega \qquad (5.42\,(\mathrm{a}))$$

$$\boldsymbol{M} = \iint_\Omega \rho_j c_{cj} \boldsymbol{W} \boldsymbol{W}^{\mathrm{T}} \mathrm{d}\Omega \qquad (5.42\,(\mathrm{b}))$$

$$\boldsymbol{H} = \iint_\Omega im \rho_j c_{cj} \boldsymbol{W} \boldsymbol{W}^{\mathrm{T}} \mathrm{d}\Omega \qquad (5.42\,(\mathrm{c}))$$

$$\boldsymbol{\Phi} = \begin{bmatrix} \boldsymbol{I} \\ 0 \end{bmatrix}_{N_z \times N_c} \qquad (5.42\,(\mathrm{d}))$$

式中，Ω 为两种材料的域的总和；$\boldsymbol{W}$ 为行向量由形函数（即权函数）组成的矩阵；N_z、N_c 为总节点数和接触节点数；$\boldsymbol{P}$ 为接触节点压力向量。

5.2.3 接触边界条件

对于不考虑磨损的热弹性接触问题，准静态热弹性方程没有时间相关项，也不

依赖于速度 v 或增长速率 b。因此，接触力与温度场和变形场的关系为

$$\begin{bmatrix} D_1 \\ D_2 \end{bmatrix} Y - \begin{bmatrix} G_1 \\ G_2 \end{bmatrix} \Theta = \Phi P \tag{5.43}$$

式中，Y 为变形向量。

考虑磨损影响时，引入 Archard 磨损定律，即表达式（5.13），根据接触条件可知，运动体的变形等于热膨胀减去磨损量。简单起见，先假设磨损只发生在材料 1 上，之后再扩展到包括两种材料的磨损。将 Y 分为 Y_1 与 Y_2，Y_1 表示材料 1 中接触节点的 z 向变形，Y_2 表示其余节点的 z 向变形。相应地，将 D_1 分成 D_{11} 和 D_{12}，D_2 分成 D_{21} 和 D_{22}。磨损条件将的接触边界条件表达式（5.43）修正为

$$\begin{bmatrix} D_{11} & D_{12} \\ D_{21} & D_{22} \end{bmatrix} \begin{bmatrix} Y_1 - \int W_1 v P \mathrm{d}t \\ Y_2 \end{bmatrix} - \begin{bmatrix} G_1 \\ G_2 \end{bmatrix} \Theta = \Phi P \tag{5.44}$$

磨损问题与时间 t 有关，热弹性问题与生长速率 b 有关。因此，如果变形、接触压力和温度表示为 $Y\mathrm{e}^{bt}$、$P\mathrm{e}^{bt}$、$\Theta\mathrm{e}^{bt}$，将表达式（5.44）对时间求导，可得

$$\begin{cases} bD_1 Y - D_{11} W_1 v P - bG_1 \Theta = bP \\ bD_2 Y - D_{21} W_1 v P - bG_2 \Theta = 0 \end{cases} \tag{5.45}$$

将表达式（5.45）中的两式结合，消除变形 Y 可得

$$D^* V P + bG^* \Theta - bP = 0 \tag{5.46}$$

$$D^* = W_1(D_1 D_2^{-1} D_{21} - D_{11}) \tag{5.47}$$

$$G^* = D_1 D_2^{-1} G_2 - G_1 \tag{5.48}$$

5.2.4　特征方程

将表达式（5.41）和表达式（5.46）结合，消除接触压力，得到一个二阶多项式特征方程：

$$(b^2 Q_2 + bQ_1 - Q_0)\Theta = 0 \tag{5.49}$$

$$Q_0 = -D^* v(S + vH) \tag{5.50}$$

$$Q_1 = (S + vH) - MD^* v - \Phi fvG^* \tag{5.51}$$

$$Q_2 = M \tag{5.52}$$

为了简化计算，并且提高特征方程的收敛性，将二阶多项式特征方程转化为两个一阶特征值方程：

$$\left(\begin{bmatrix} Q_0 & Q_1 \\ O & I \end{bmatrix} - b \begin{bmatrix} O & -Q_2 \\ I & O \end{bmatrix} \right) \begin{Bmatrix} \Theta \\ \tilde{\Theta} \end{Bmatrix} = 0 \tag{5.53}$$

$$\tilde{\Theta} = b\Theta \tag{5.54}$$

以上讨论是建立在只有材料 1 发生磨损，材料 2 不发生磨损的假设上的，为了研究两种材料都发生磨损的情况，只需要将 D^* 重新定义为

$$D^* = D_1 D_2^{-1} \sum_{j=1}^{2} D_{21j} W_j - \sum_{j=1}^{2} D_{11j} W_j \tag{5.55}$$

式中，$j = 1, 2$，表示两种不同的材料，其余方程保持不变。求解特征方程（5.53）即可得到临界速度。

5.3　有限元模型与解析模型差异性分析

5.3.1　无磨损极限情况差异性

两种材料都被划分为 30 个单元的梯度网格，材料 1 的偏置比为 1.7，材料 2 的偏置比为 1.8，从两侧到接触表面逐渐密集，以表征接触表面剧烈的温度变化。为了验证有限元分析（FEA）的结果，参考了 Papangelo 等研究的解析结果，但假设 $H^* = 0.0013$，$\alpha^* = 2.5$，$k^* = K^*$。此处假设 $H^* = 0.0013$ 而不是 0.34，是因为对于实际的离合器材料 $H^* = 0.0013$。首先比较了无磨损极限情况下的 Burton 的解析方法、

Papangelo 等的解析法及有限元法所得无量纲临界速度 $\dfrac{v_{cr}^*}{v^*}$。如图 5.2 所示，$\dfrac{W_1^*}{W^*}=0$ 时，3 种结果都随导热系数比 K^* 线性变化。在图 5.2（a）中，当泊松比 ν 为 0 时，3 种解几乎相同。但在图 5.2(b) 中，当泊松比 ν 不为 0 时（$\nu=0.3$），有限元解与 Papangelo 等的解析解还是几乎相同，但是它们与 Burton 的解析解不同。这是由于假定接触面应变相等时，Burton 的解析方法中忽略了泊松比的影响，而 Papangelo 等的解析方法和有限元法则考虑了泊松比的影响。由于有限元解与 Papangelo 等的解析解的一致性要比 Burton 的好得多，所以在接下来的讨论中使用 Papangelo 等的解析解来验证有限元结果。

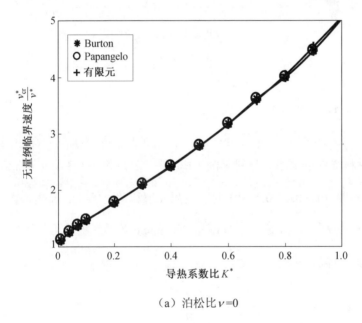

（a）泊松比 $\nu=0$

图 5.2　无磨损时，3 种方法所得无量纲临界速度 $\dfrac{v_{cr}^*}{v^*}$ 与导热系数比 K^* 的关系

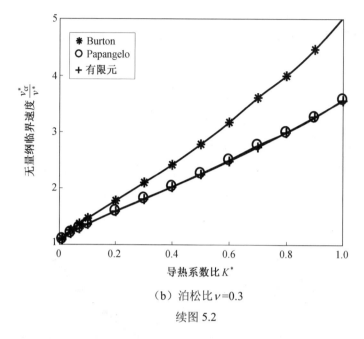

（b）泊松比 $\nu = 0.3$

续图 5.2

5.3.2 导热系数比的影响

对于实际的离合器，磨损率不是零，且两种材料的磨损率不同。首先假设 $R^* = 0.1$，即材料 2 的磨损率为材料 1 的 10%。图 5.3 为 $H^* = 0.34$，$\alpha^* = 2.5$，$k^* = K^*$，磨损率 $\dfrac{W_1^*}{W^*}$ 分别取 0.1、0.4、0.7 和 1 时，有限元解和解析解关于导热系数比 K^* 的变化情况。这里假设 $H^* = 0.34$ 是为了方便与 Papangelo 等的解析结果相比较。由图 5.3 可知，解析解与有限元解的变化趋势一致。当 $\dfrac{W_1^*}{W^*} = 0.1$ 或 $\dfrac{W_1^*}{W^*} = 0.4$ 时，有限元解和解析解都是先增大后减小。当 $\dfrac{W_1^*}{W^*} = 0.7$ 或 $\dfrac{W_1^*}{W^*} = 1$ 时，有限元解和解析解都是随导热系数比 K^* 单调递增的，两种解的差值也是随导热系数比 K^* 单调递增的，最大差值约为 14%。随着磨损率的增加，两种解的最大差值减小。当磨损率 $\dfrac{W_1^*}{W^*} = 1$ 时，最大差值为 5.47%。当 $0.1 < K^* < 0.5$ 时，临界速度随磨损率 $\dfrac{W_1^*}{W^*}$ 的增大而减小，此时磨损削弱系统的热弹性稳定性；反之，当 $K^* > 0.5$ 时，临界速度随磨损率 $\dfrac{W_1^*}{W^*}$ 的增大而增大，此时磨损增强系统的热弹性稳定性；当 $K^* \to 0$ 时，由于计算精度的限制，结果没有规律。

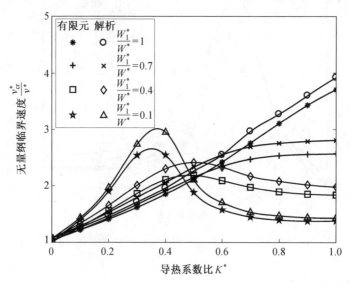

图 5.3　不同磨损率下，有限元法与解析法所得无量纲临界速度 $\dfrac{v_{\mathrm{cr}}^*}{v^*}$ 与导热系数比 K^* 的关系

通常情况下，离合器钢材料的磨损率要小于摩擦材料的磨损率。因此，考虑材料 2 无磨损，即磨损率比 $R^* = 0$ 的情况有一定的现实意义。图 5.4 为 $H^* = 0.34, \alpha^* = 2.5$，$k^* = K^*$，$R^* = 0$，磨损率 $\dfrac{W_1^*}{W^*}$ 分别取 0 和 0.1 时，有限元解和解析解关于导热系数比 K^* 的变化情况。由图 5.4 可知，在解析解和有限元解之间有许多相似之处。当磨损率 $\dfrac{W_1^*}{W^*} = 0$ 时，有限元解和解析解在导热系数比 $K^* \leqslant 0.3$ 时急剧上升，之后逐渐减小。当磨损率 $\dfrac{W_1^*}{W^*} = 0.1$ 时，变化趋势与磨损率 $\dfrac{W_1^*}{W^*} = 0$ 时相同，也是先增大后减小，只是曲线较为平缓，变化趋势的分界线在导热系数比 $K^* = 0.4$ 处。当 $0.1 < K^* < 0.4$ 时，系统的热弹性稳定性随导热系数比 K^* 的增大而增大；反之，当 $0.4 < K^* < 1$ 时，系统的热弹性稳定性随导热系数比 K^* 的增大而减小。

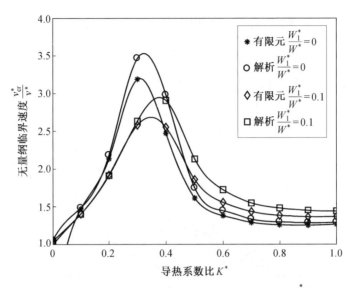

图 5.4　磨损率比 R^*=0 时，有限元法与解析法所得无量纲临界速度 $\dfrac{v_{cr}^*}{v^*}$ 与导热系数比 K^* 的关系

5.3.3　磨损率的影响

图 5.5 为 $H^* = 0.34$，$\alpha^* = 2.5$，$k^* = K^*$，R^*=0.1，K^*分别取 0.01、0.1、0.5 和 1 时，有限元解和解析解关于磨损率 $\dfrac{W_1^*}{W^*}$ 的变化情况。由图 5.5 可知，两种方法的结果变化趋势基本相同。当导热系数比 $K^* \leqslant 0.5$ 时，随磨损率的变化，临界速度几乎不变。当导热系数比 $K^* = 1$ 时，临界速度在磨损率 $\dfrac{W_1^*}{W^*} < 1.6$ 时呈线性增加，之后趋于平缓。当磨损率 $\dfrac{W_1^*}{W^*} > 1$ 时，两种方法所得结果之间的差异会变得非常明显。例如，当磨损率 $\dfrac{W_1^*}{W^*} < 1$ 时，有限元解和解析解之间相差不超过 11.1%；但是，当磨损率 $\dfrac{W_1^*}{W^*} = 2$，导热系数比 $K^* = 1$ 时，二者的差异达到了 15%。

当两种材料的磨损率比 R^* 大于 0.1 时，所得结果有所不同。图 5.6 为 $R^* = 0.3$，$H^* = 0.34$，$\alpha^* = 2.5$，$k^* = K^* = 0.01$ 时，有限元解和解析解关于磨损率 $\dfrac{W_1^*}{W^*}$ 的变化情况。当磨损率 $\dfrac{W_1^*}{W^*}$ 在 0~5 范围内时，两种材料所得结果相差不大。当磨损率 $\dfrac{W_1^*}{W^*} \leqslant 3$ 时，解析解随磨损率的增加而呈线性增加，而有限元解表现出明显的非线性，且解析解大于有限元解。但是，当磨损率 $\dfrac{W_1^*}{W^*} > 3$ 时，解析解小于有限元解，且此时解析解也表现出了非线性特征。

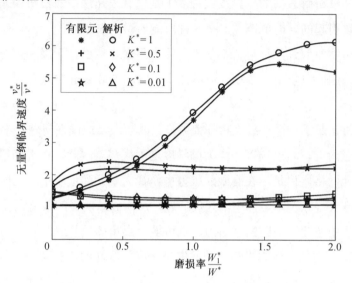

图 5.5　磨损率比 $R^* = 0.1$ 时，有限元法与解析法所得无量纲临界速度 $\dfrac{v_{cr}^*}{v^*}$ 与磨损率 $\dfrac{W_1^*}{W^*}$ 的关系

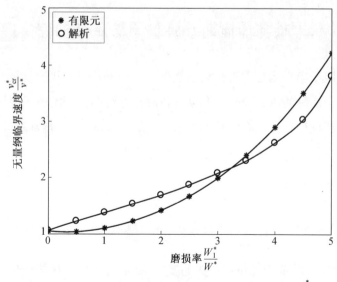

图 5.6　磨损率比 $R^* = 0.3$ 时，有限元法与解析法所得无量纲临界速度 $\dfrac{v_{cr}^*}{v^*}$ 与磨损率 $\dfrac{W_1^*}{W^*}$ 的关系

5.3.4 差异性原因分析

有限元解和解析解之间的差异很大程度上是由有限元法中的数值误差及解析方法中的收敛问题引起的。简单地说，有 5 种可能的误差来源：

在推导解析解时假设两种材料都是半无限大平面。然而，无限大在有限元模型中是不允许的，因此只能用一个相当大的厚度，例如 500 mm 来近似模拟半无限大平面。

有限元分析是基于一个非线性特征值方程，其解通常比线性问题更不稳定。

在摩擦界面附近，温度场以相当大的梯度剧烈振荡。因此，在滑动界面上应用了偏置的有限元网格。但是，在有限元模型中，最大单元和最小单元之间的差异不应该太大，否则会导致矩阵运算中的尺度问题，从而导致明显的数值误差。

有限元模型中忽略了切向的牵引力，这可能会影响接触节点上的剪切载荷。

磨损对热弹性不稳定性的影响这个问题是高度非线性的，在某些参数下，解析解本身是不稳定的。因此，在本章研究中，解析解不一定收敛。例如，当磨损系数大大超过临界值时，解析解开始发散。

5.4 材料磨损与厚度对热弹性不稳定性的综合影响

解析方法局限于半平面这种理想化的模型，且由于几何形状的复杂性和常用材料的特殊性，对于实际的离合器材料和结构，解析方法存在一定的局限性。在离合器设计阶段，需要优化设计离合器结构参数，选取合理的离合器摩擦材料，从而提高离合器的热弹性稳定性，这是离合器优化设计的重要工作。

5.4.1 解析方法的局限性

图 5.7 为 $k^* = K^* = 0.1$，$\alpha^* = 2.5$，磨损率 $\dfrac{W_1^*}{W^*}$ 分别取 0.1、0.2、0.3、0.4 和 0.5 时，

Papangelo 等的解析方法所得无量纲临界速度 $\dfrac{v_{cr}^*}{v^*}$ 随无量纲参数 H^* 的变化情况，图 5.7

分别表示磨损率比 R^* 分别取 0.01、0.05 和 0.1 时的结果。当磨损率比 $R^* = 0.01$ 时（如

图 5.7（a）所示），不同磨损率 $\dfrac{W_1^*}{W^*}$ 下的曲线几乎无变化。当磨损率比 R^* 较大时（如图 5.7（b）和图 5.7（c）所示），差异开始显现并且增加。此外，无论磨损率比 R^* 取何值，临界速度都随磨损率 $\dfrac{W_1^*}{W^*}$ 的增大而增大。当无量纲参数 H^* 较大时，结果变化较缓，但是随着无量纲参数 H^* 的减小，结果变化越来越剧烈。对于常用的离合器摩擦副材料 （见表 5.1），纸基摩擦副的无量纲参数 $H^* = 0.001\,29$，铜基摩擦副的无量纲参数 $H^* = 0.005\,37$，在这个范围内，很小的无量纲参数 H^* 变化就可以导致很大甚至超过数量级变化的结果，结果变化过于剧烈，因而解析方法不收敛。

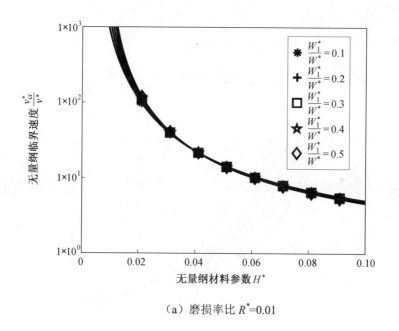

（a）磨损率比 $R^* = 0.01$

图 5.7　无量纲临界速度 $\dfrac{v_{\mathrm{cr}}^*}{v^*}$ 与无量纲参数 H^* 的关系

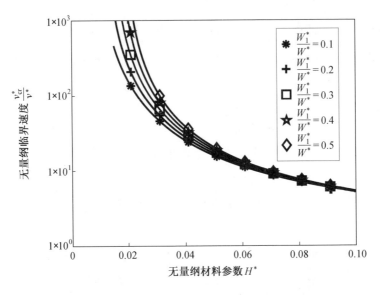

（b）磨损率比 R^*=0.05

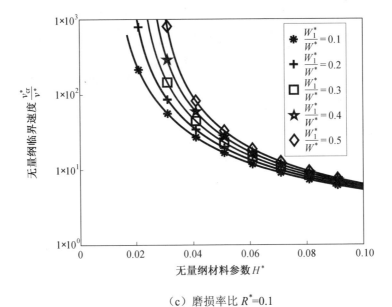

（c）磨损率比 R^*=0.1

续图 5.7

表 5.1　两种典型摩擦副的材料特性

变量名称	纸基摩擦副		铜基摩擦副	
	摩擦材料	钢材料	摩擦材料	钢材料
弹性模量 E/Pa	0.53×10^9	200×10^9	2.26×10^9	160×10^9
泊松比 ν	0.3	0.3	0.29	0.29
密度 ρ/(kg·m^{-3})	846	7 800	5 500	7 800
比热容 c_p/(J·kg^{-1}·K)	4 140	449	460	487
热膨胀系数 α/K^{-1}	3×10^{-5}	1.2×10^{-5}	1.21×10^{-5}	1.27×10^{-5}
导热系数 K/(W·m^{-1}·K^{-1})	0.5	42	9.3	45.9

　　然而，当无量纲参数 H^* 很小时，有限元法仍然可以得到收敛解。因此，有限元法可以更有效、实用地研究磨损对热弹性不稳定性的影响。图 5.8 为磨损率 $\dfrac{W_1^*}{W^*}$ 分别取 0.1、1、10、100 时，有限元法所得无量纲临界速度 $\dfrac{v_{cr}^*}{v^*}$ 随无量纲参数 H^* 的变化情况，图 5.8（a）和（b）分别表示摩擦副材料为表 5.1 中纸基摩擦副和铜基摩擦副时的结果。由图 5.8 可知，临界速度随导热系数比 K^* 的增大而增大，这是由于当摩擦材料的导热性较差，钢材料的导热性较好时，进入钢材料的热量大于进入摩擦材料的热量，两种材料之间的摩擦热分布极不均匀。此外，摩擦材料内部本身的导热性较差，导致摩擦材料的高温区和低温区温差较大。大量的摩擦热传导到钢材料中，增加了钢材料中局部高温区的可能性。因此，当导热系数比 K^* 较小时，系统稳定性较差，临界速度较低。相反，随着导热系数比 K^* 的增大，摩擦热在两种材料之间的分布更加均匀，摩擦材料中高温区和低温区的温差变小，钢材料中出现高温区的可能性减小。由图 5.8 还可以看出，无量纲临界速度随着摩擦材料磨损率的增加而减小，这是因为摩擦材料磨损率越大，摩擦材料厚度减小越快，剩余厚度越小，内部温度梯度越大，摩擦材料的热容越小，进入钢材料的摩擦热越多，摩擦热在两种材料之间的分布越不均匀，系统的热弹性稳定性越差。

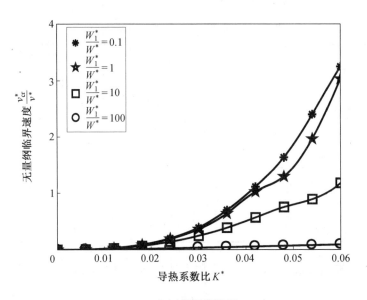

（a）纸基摩擦副

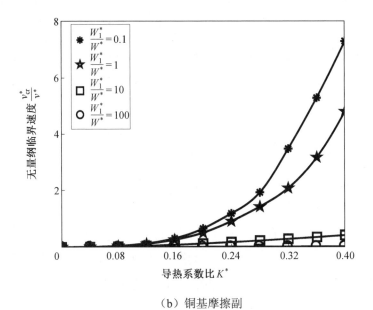

（b）铜基摩擦副

图 5.8　无量纲临界速度 $\dfrac{v_{cr}^{*}}{v^{*}}$ 与导热系数比 K^{*} 的关系

值得一提的是，Papanglo 等提出了极限磨损系数 $W_{\lim}^{NC}$，即材料的磨损系数超过极限磨损系数时，热弹性不稳定性被完全抑制。但是，用有限元法没有发现极限磨损系数 $W_{\lim}^{NC}$，即在摩擦材料的磨损系数超过极限磨损系数之后，仍然可以得到临界速度。如图 5.8 所示，当 $\dfrac{W_1}{W_{\lim}^{NC}} = \dfrac{W_1^*}{W^*} \geqslant 1$ 时，临界速度不是无穷大。这是因为有限元法采用的是有限厚度模型，而解析法采用的是半无限厚度模型。对于表 5.1 中的常用摩擦副材料，纸基摩擦副的极限磨损系数 $W_{\lim}^{NC} = 4.45 \times 10^{-12}$ Pa^{-1}，铜基摩擦副的极限磨损系数 $W_{\lim}^{NC} = 4.31 \times 10^{-12}$ Pa^{-1}，比典型材料磨损系数 $1 \times 10^{-14} \sim 2 \times 10^{-13}$ Pa^{-1} 大 2～3 个数量级。在典型磨损率下得到的曲线与磨损率 $\dfrac{W_1^*}{W^*} = 0.1$ 时得到的曲线几乎没有区别。

5.4.2　摩擦材料磨损与厚度的综合影响

摩擦材料厚度对临界速度的影响很大。图 5.9（a）为导热系数比 $K^* = 0.01$，钢材料磨损率 $\dfrac{W_2^*}{W^*} = 0.1$，钢材料厚度 $a_2 = 4$ mm，磨损率比 R^* 分别取 1、0.01、0.002、0.001 时，临界速度 V_{cr} 与摩擦材料厚度 a_1 的关系。

当摩擦材料厚度 2 mm $\leqslant a_1 \leqslant$ 20 mm 时，临界速度与摩擦材料厚度呈正相关，这是由于随着摩擦材料厚度的增加，内部温度梯度减小，热容增大，进入钢材料的摩擦热减少，系统的热弹性稳定性增强。当摩擦材料厚度 $a_1 < 2$ mm，磨损率比 $R^* \subset [0.001, 0.002]$ 时，临界速度随摩擦材料厚度的增大而减小，这是由于在相同的相对滑动摩擦速度下，当磨损率比 R^* 相对较小时，摩擦材料的磨损率较大，因此摩擦材料损失较多，而剩余摩擦材料较少，摩擦材料内部温度梯度增大，而热容降低，升温速率增大，热量在两种材料之间分布不均匀，系统的热弹性稳定性较差。当摩擦材料厚度 $a_1 < 2$ mm，磨损率比 $R^* \subset [0.01, 1]$ 时，临界速度随摩擦材料厚度的增大而增大，这是因为当磨损率比 R^* 较大时，摩擦材料的磨损率较小，因此摩擦材料的损失量不是很大，主导因素仍然是内部温度梯度和热容，临界速度与摩擦材料厚度的关系与 2 mm $\leqslant a_1 \leqslant$ 20 mm 时一样。

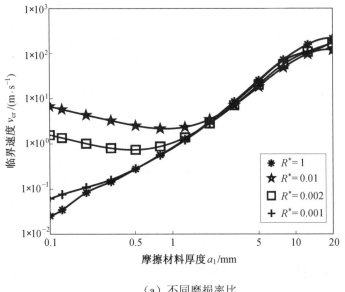

（a）不同磨损率比

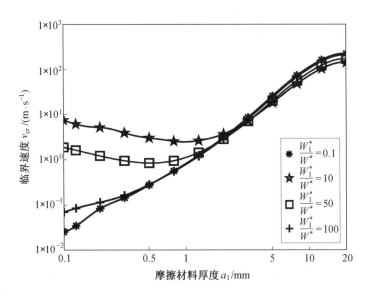

（b）不同摩擦材料磨损率

图 5.9　临界速度 v_{cr} 与摩擦材料厚度 a_1 的关系

此外，从图 5.9（a）中还可以看出，当摩擦材料厚度 $a_1 \geqslant 2$ mm 时，临界速度随着磨损率比 R^* 的增大而增大，原因是磨损率比越大，摩擦材料磨损率越小，摩擦材料减少越慢，内部温度梯度越小，摩擦材料的热容越大，进入钢材料的摩擦热越少，摩擦热在两种材料之间的分布越均匀，系统的热弹性稳定性越好。相反，当摩擦材料厚度 $a_1 < 2$ mm 时，临界速度随着磨损率比 R^* 的增大而减小，这是因为剩余摩擦材料越多，摩擦材料的热弹性变形越小，内部热弹性应力越大，系统的热弹性稳定性越弱。

图 5.9（b）为导热系数比 $K^* = 0.01$，磨损率比 $R^* = 0.1$，钢材料厚度 $a_2 = 4$ mm，摩擦材料磨损率 $\dfrac{W_1^*}{W^*}$ 分别取 0.1、10、50 和 100 时，临界速度 v_{cr} 与摩擦材料厚度 a_1 的关系。可以看出，临界速度相对于摩擦材料厚度的变化规律与图 5.9（a）基本一致，这是因为摩擦材料的磨损率是系统热弹性不稳定性的主导因素。另一方面，钢材料的磨损率也影响系统的热弹性不稳定性。例如，图 5.9（a）中的曲线 $R^* = 0.002$ 中与图 5.9（b）中的曲线 $\dfrac{W_1^*}{W^*} = 50$ 有相同的摩擦材料磨损率，将它们分别定义为曲线 1 和曲线 2。不同的是，曲线 1 中钢材料磨损率 $\dfrac{W_2^*}{W^*} = 0.1$，而曲线 2 中钢材料磨损率 $\dfrac{W_2^*}{W^*} = 5$。当摩擦材料厚度 $a_1 = 20$ mm 时，曲线 1 的临界速度为 170 m/s，曲线 2 的临界速度为 168.906 3 m/s，临界速度随着钢材料磨损率的增加而减小。原因是钢铁材料磨损率越大，相对滑摩速度一定时，剩余的钢材料越少，钢材料的热容越小，温度上升越快，内部温度梯度越大，系统的热弹性稳定性越强。当摩擦材料厚度 $a_1 = 0.1$ mm 时，曲线 1 和曲线 2 的临界速度分别为 1.568 6 m/s 和 1.889 6 m/s，临界速度随着钢材料磨损率的增加而增大，这是因为钢材料磨损率越大，剩余钢材料越少，在相同的温度场和接触压力下，钢材料的热弹性变形越大，内部热弹性应力越小，系统的热弹性稳定性越高。

5.4.3 钢材料磨损与厚度的综合影响

钢材料厚度也会显著影响系统的热弹性不稳定性。图 5.10（a）为导热系数比

$K^* = 0.01$，钢材料磨损率$\dfrac{W_2^*}{W^*} = 0.1$，摩擦材料厚度$a_1 = 4$ mm，磨损率比R^*分别取 1、0.01、0.002 和 0.001 时，临界速度v_{cr}与钢材料厚度a_2的关系。

当钢材料厚度 8 mm$\leqslant a_2 \leqslant$16 mm 时，临界速度与钢材料厚度呈反抛物线形状，即随着钢材料厚度的减小，临界速度先增加后减小。无论磨损率比R^*为多少，都存在一个局部极大临界速度，将其对应的厚度定义为"局部最优厚度"。当钢材料厚度减小到局部最优厚度以下，临界速度达到最小值，对应的钢材料厚度定义为"最劣厚度"。产生这种现象的原因有两方面：

（1）钢材料厚度减小，在相同温度场和接触压力作用下，钢材料热弹性变形增加，内部热弹性应力减小，系统的热弹性稳定性提高。

（2）钢材料厚度减小，内部温度梯度增大，且体积减小导致热容量减小，温度上升速度增加，系统的热弹性稳定性降低。当钢材料的厚度大于局部最优厚度或小于最劣厚度时，因素（1）起主导作用；反之，当钢材料的厚度小于局部最优厚度并大于最劣厚度时，因素（2）起主导作用。由于部件的结构限制，局部最优厚度对于现在常用的离合器和刹车来说太大了，通常钢材料厚度会小于最劣厚度，因此，通过减小钢材料厚度来增加热弹性稳定性是比较符合实际的方法。从图 5.10（a）中还可以看出，无论钢材料厚度为多少，临界速度随磨损率比R^*的增大而增大，这是由于钢材料磨损率一定时，磨损率比R^*越大，摩擦材料磨损率越小，摩擦材料厚度减少越慢，剩余材料厚度越大，内部温度梯度越小，热容量越大，进入钢材料的摩擦热越少，摩擦热在两种材料间分配越均匀，系统的热弹性稳定性越强。

图 5.10（b）为导热系数比$K^* = 0.01$，磨损率比$R^* = 0.1$，钢材料厚度$a_2 = 4$ mm，摩擦材料磨损率$\dfrac{W_1^*}{W^*}$分别取 0.1、10、50 和 100 时，临界速度v_{cr}与钢材料厚度a_2的关系。可以看到，临界速度相对于钢材料厚度的变化规律与图 5.10（a）基本相同，这是由于摩擦材料的磨损率对系统热弹性稳定性起主导作用。另一方面，钢材料磨损率也会影响系统的热弹性不稳定性，例如，图 5.10（a）中的曲线$R^* = 1$与图 5.10（b）中的曲线$\dfrac{W_1^*}{W^*} = 0.1$的摩擦材料磨损率相同，将它们分别定义为曲线 3 和曲线 4。

不同的是，曲线 3 中钢材料磨损率 $\dfrac{W_2^*}{W^*}=0.1$，而曲线 4 中钢材料磨损率 $\dfrac{W_2^*}{W^*}=0.01$。

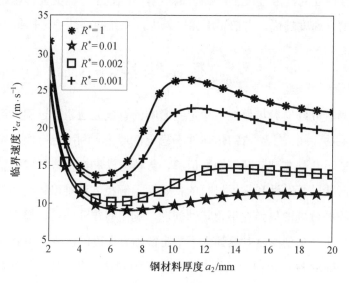

（a）不同磨损率比

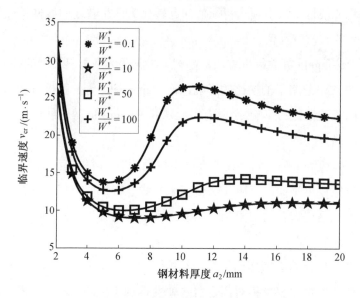

（b）不同摩擦材料磨损率

图 5.10　临界速度 v_{cr} 与钢材料厚度 a_2 的关系

无论钢材料厚度为多少，曲线 4 的临界速度都大于曲线 3，这是由于钢材料磨损率越大，同样的相对滑摩速度下，剩余钢材料厚度越小，钢材料体积越小，热容量越小，温度上升速度越快，内部温度梯度越大，系统热弹性稳定性越低。

5.5　本章小结

本章提出了研究磨损对热弹性不稳定性影响的有限元法。通过引入磨损定律，结合傅里叶约减法，拓展了经典的热弹性不稳定性理论。利用已有的两个无限半平面解析解，验证了几种典型情况下的数值解，数值方法和解析方法取得很好的一致性。由于几何形状的复杂性和常用材料的特殊性，解析方法难以解决传统液黏离合器系统中使用的摩擦副的热弹性不稳定性问题，利用有限元法可以更有效地计算摩擦副的磨损系数和摩擦副厚度对热弹性不稳定性临界速度的影响。主要结论如下。

（1）将 Archard 磨损定律引入经典的傅里叶约减法，会将传统的特征值为扰动增长系数，特征向量为节点温度的一次多项式特征值问题，拓展为二次多项式特征值问题。通过将非线性二次多项式特征值问题转化为两个普通的线性特征值方程，可以求解所得到的二次特征值方程。

（2）应用 Papangelo 等的解析方法，得到了半无限大双材料模型的临界磨损率，Burton 的解析方法中忽略了泊松比的影响，而 Papangelo 等的解析方法和本章中的有限元法则考虑了泊松比的影响，所以有限元法和 Papangelo 等的解析方法比 Burton 的解析方法更准确。

（3）有限元解和解析解之间存在差异的主要原因有：解析模型为半无限大平面，有限元模型为有限厚度平面；有限元法是基于非线性特征值方程，且忽略接触面上的切向力；有限元网格偏置比的限制；当磨损系数超过临界值时，解析解本身不收敛。

（4）对于实际的离合器摩擦副材料和结构，解析方法无法得到收敛解，有限元法可以更有效、实用地研究磨损对离合器热弹性不稳定性的影响。当摩擦副材料在常用值范围内时，临界速度随导热系数比的增大而增大，随摩擦材料磨损率的增加而减小。

（5）当摩擦材料厚度大于 2 mm 时，摩擦材料磨损率的增大会促进热弹性不稳定性，反之，摩擦材料磨损率的增大会抑制热弹性不稳定性。当钢材料厚度增加到一定值时，会出现"最劣厚度"，此时系统的热弹性不稳定性临界速度最小，之后临界速度迅速增大，达到"局部最优厚度"时，临界速度达到局部最大值。

第6章 液黏离合器摩擦副热弹性不稳定性试验

进行液黏离合器摩擦副热弹性不稳定性试验的主要目的是：测量液黏离合器工作过程中摩擦副滑摩表面的温度场及扰动场，以验证所建立的摩擦副热弹性不稳定性模型的有效性，揭示摩擦副相对转速等因素对热弹性不稳定性的影响规律，为液黏离合器摩擦副优化设计提供理论基础。

本章介绍了液黏离合器摩擦副热弹性不稳定性试验台的工作原理、试验设备及控制系统，确定了摩擦副温度场及扰动场的测试方案，对相对滑摩过程中摩擦副温度的动态变化进行测量，并和理论结果进行对比分析，验证理论模型的有效性，分析了摩擦副相对转速、接触压力和润滑油流量对温度场及扰动场的影响。

6.1 试验系统设计

6.1.1 试验台主要架构

为了满足摩擦副热弹性不稳定性试验的需求，研发了液黏离合器摩擦副热弹性不稳定性试验台，其主要架构如图 6.1 所示，该试验台由液压系统、机械系统、控制系统、测试系统及数据采集系统组成。

试验台的液压系统分为控制油路和润滑油路，通过控制油路改变控制油压力，通过活塞和弹簧的作用来实现摩擦副油膜承载力的调节，从而改变输出轴转速和转矩；润滑油可起到散热和润滑的作用，并且是液黏离合器摩擦副的工作介质。机械系统包括两端的动力电机和负载电机、与它们连接的减速箱和增速箱、传动链中部的摩擦副试验包箱。试验台的操作系统和数据采集系统通过编制计算机程序实现。测试系统可以分别测量包箱输出轴和输入轴的转速和转矩、摩擦副接触表面温度、

润滑油流量及控制油压力等参数。液黏离合器摩擦副热弹性不稳定性试验台实物图
如图 6.2 所示。

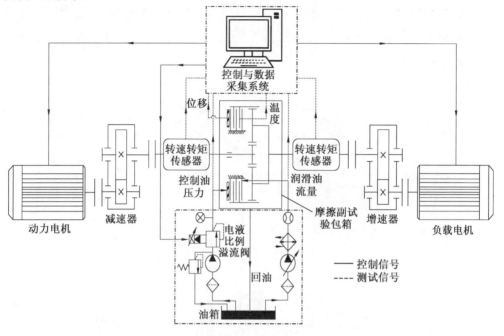

图 6.1　试验台主要架构

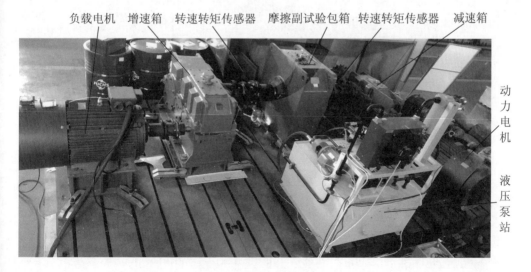

图 6.2　试验台实物图

6.1.2　试验台工作原理

摩擦副热弹性不稳定性试验包箱结构如图 6.3 所示，摩擦副由 2 个摩擦片和 3 个对偶钢片交替排列组成。如果需要改变传递功率，可以更换不同厚度的垫块，并且增减摩擦副个数。

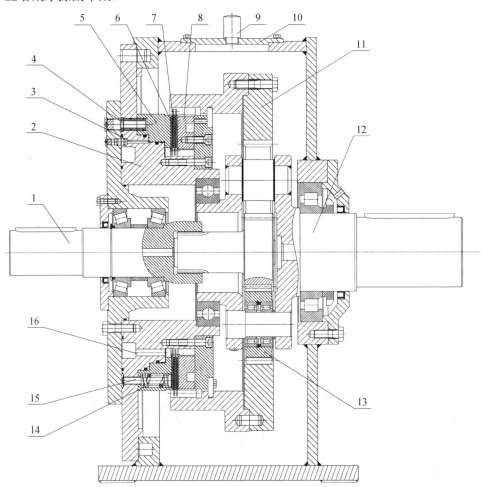

图 6.3　试验包箱结构

1—输入轴；2—联轴器；3—控制油路；4—位移传感器；5—环形油缸；6—对偶钢片；

7—摩擦片；8—垫块；9—空滤器；10—视孔盖；11—内齿圈；12—输出轴；

13—行星轮；14—回位弹簧；15—弹簧杆；16—润滑油路

为了更精确地测量摩擦副温度场沿径向及周向的变化规律，采用沿周向布置 2 组温度传感器，每组沿径向布置 3 个温度传感器的布置方案：在对偶钢片的摩擦表面上沿径向方向开 10 个矩形槽，用于安装温度传感器。温度传感器布置方案如图 6.4 所示。T_A 和 T_B 表示 2 组不同的温度传感器，下标 i =1、2、3，表示不同径向位置即，r 分别为 305 mm、285 mm 和 265 mm，每组中的 3 个传感器之间间隔 10°，2 组传感器之间间隔 90°。某一半径处的平均温度 T_i 为该半径处 2 个温度传感器所测温度的平均值，即

$$\overline{T}_i = \frac{T_{Ai} + T_{Bi}}{2} \tag{6.1}$$

扰动温度则是该半径处某一传感器与平均温度的差值，即

$$T_{ri} = \frac{|T_{Ai} - T_{Bi}|}{2} \tag{6.2}$$

本章试验采用的铠装 K 型镍铬-镍硅热电偶温度传感器体积较小，可弯曲，容易在较薄的对偶钢片中安装，且精度较高，响应时间较快，可靠性较高，可反复利用。

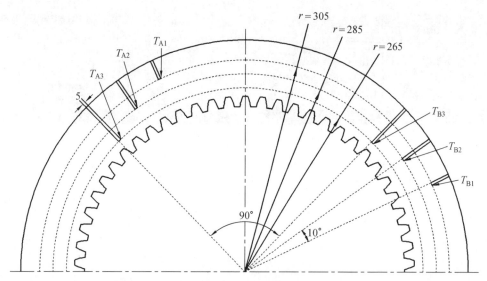

图 6.4　对偶钢片上温度传感器的布置图

通过机械控制系统设置动力电机转速和负载电机转矩，通过液压控制系统设置控制油压力及润滑油转速，并采集各温度传感器的实时温度，以及试验包箱输入输出轴的转速和转矩。图 6.5（a）是试验台机械控制系统的设置界面，图 6.5（b）是试验台液压控制系统及数据采集界面。

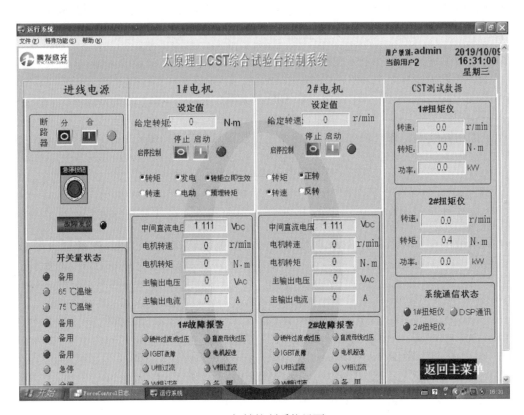

（a）机械控制系统界面

图 6.5　控制系统与数据采集界面

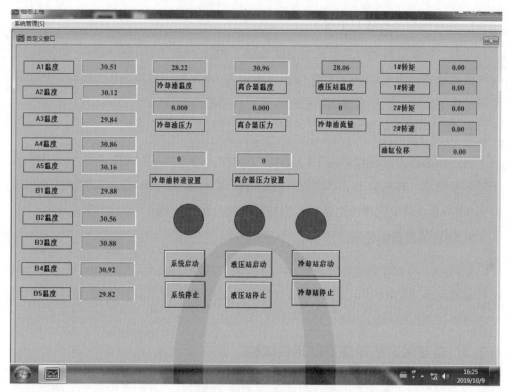

（b）液压控制系统及数据采集界面

续图 6.5

6.2　试验内容及方案

由前面的摩擦副热弹性不稳定性分析可知，滑摩时间、摩擦副相对滑摩速度、接触压力及润滑油流量等因素对摩擦副的温度场分布影响很大。因此，分别进行扰动场动态分布试验和变速瞬态热弹性不稳定性试验。对两种试验所得摩擦副温度场及扰动场分布特性进行分析研究，来验证所提出理论的有效性。

6.2.1　扰动场动态分布试验

首先，分别改变摩擦副相对转速、控制油压力及润滑油流量，并结合理论模型来研究它们对摩擦副温度场的影响规律。

1. 摩擦副相对转速的影响

动力电机输出转速分别设定为 500 r/min、800 r/min、1 100 r/min 和 1 400 r/min，润滑油流量设定为 4 L/min，控制油压力设定为 1.8 MPa，调节负载电机转矩使得输出轴转速为定值，以研究摩擦副相对转速对扰动温度场的影响。

2. 控制油压力的影响

将控制油压力分别设定为 1.4 MPa、1.6 MPa、1.8 MPa 和 2 MPa，调节负载电机转矩以使输出轴转速为定值，动力电机输出转速设定为 1 450 r/min，润滑油流量设定为 4 L/min，以研究摩擦副接触压力对扰动温度场的影响。

3. 润滑油流量的影响

将润滑油流量分别设定为 1 L/min、8 L/min、16 L/min 和 24 L/min，动力电机输出转速设定为 1 450 r/min，控制油压力设定为 1.8 MPa，负载保持不变，以研究润滑油流量对扰动温度场的影响。

6.2.2 变速瞬态热弹性不稳定性试验

调节控制油压力使输出轴按照正 S 型曲线变速转动，此时摩擦副相对滑摩速度为反 S 型曲线。摩擦副反 S 型变速滑摩时间依次设定为 10 s、20 s、30 s 及 40 s，动力电机转速设定为 1 450 r/min，输出流量为 8 L/min，以研究反 S 型变速滑摩时间对摩擦副温度场的影响。

6.3 试验结果分析

6.3.1 摩擦副相对转速的影响

通过控制动力电机转速的方法来改变摩擦副相对滑摩速度，以研究摩擦副相对转速对扰动温度场的影响。动力电机输出转速为 500 r/min，摩擦副相对转速为 15.3 r/min，此时摩擦副温度的变化如图 6.6 所示。

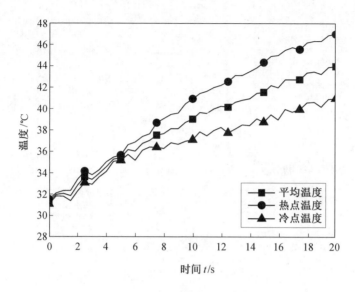

（a）半径 $r = 0.305$ m 测试曲线

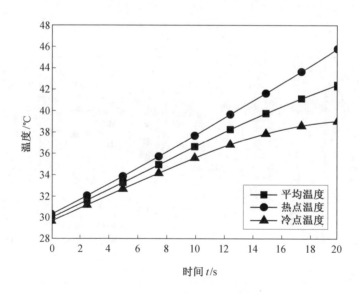

（b）半径 $r = 0.305$ m 理论曲线

图 6.6　相对转速为 15.3 r/min 时摩擦副温度变化的测试曲线及理论曲线

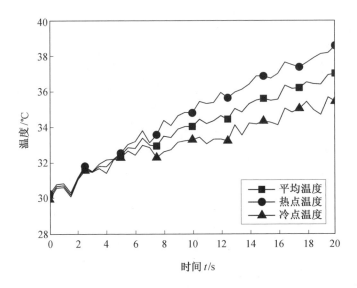

（c）半径 $r = 0.285\,\mathrm{m}$ 测试曲线

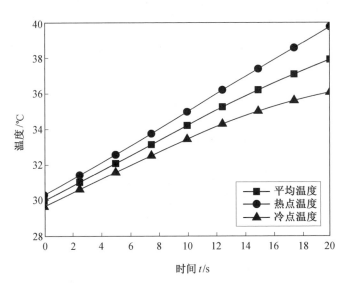

（d）半径 $r = 0.285\,\mathrm{m}$ 理论曲线

续图 6.6

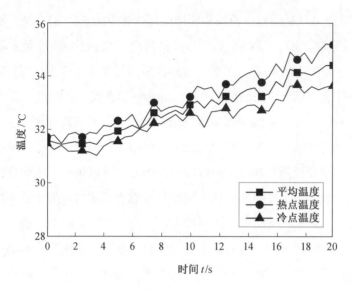

（e）半径 $r = 0.265$ m 测试曲线

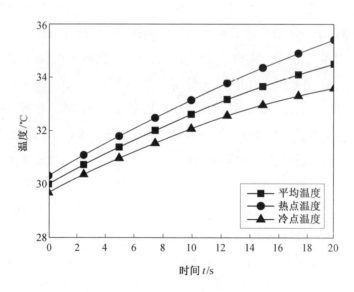

（f）半径 $r = 0.265$ m 理论曲线

续图 6.6

图 6.6 为某一半径处的测试曲线和理论曲线，其中图 6.6（a）、（c）和（e）为试验测得曲线，图 6.6（b）、（d）和（f）为理论曲线。由于平均温度是采取 2 组传感器测试结果取平均的方法所得，且 2 组传感器所得结果相差较大，因此测试温度较高的传感器测得热点温度，而测试温度较低的传感器测得冷点温度。

由图 6.6 可知，平均温度基本呈线性增长的趋势，且沿内径至外径方向逐渐增大，这是由于相同转速下，外径线速度较大，摩擦生热较多；内径线速度较小，摩擦生热较少。各半径处热点和冷点温度随时间的延长逐渐偏离平均温度，说明扰动温度逐渐增大，这是由于摩擦副外侧线速度超过临界线速度，处于热弹性不稳定性状态，随着时间的延长，扰动温度逐渐增大。半径为 0.305 m 处，热点温度偏离平均温度最多，扰动温度最大，这是由于靠近外径的线速度最大，扰动增长率最大，扰动温度随时间的指数增长效应最大；相反，半径为 0.265 m 处，热点温度偏离平均温度最少，扰动温度最小，这是由于内径一侧的线速度最小，扰动增长率最小，扰动温度随时间的指数增长效应最小。

各半径处的温度扰动幅值随时间的变化关系如图 6.7 所示，理论值与测试值较为吻合，都是随滑摩时间的延长逐渐增大，外侧扰动温度增长较快，而内侧扰动温度增长缓慢。滑摩结束时，温度扰动幅值测试值由外到内分别为 3 ℃、1.56 ℃、0.76 ℃，温度扰动幅值理论值由外到内分别为 3.38 ℃、1.83 ℃、0.9 ℃，理论值分别为测试值的 1.13、1.17、1.18 倍。理论值超过测试值的倍数，外侧最小，内侧最大，这是由于润滑油是从摩擦副内测进入滑摩表面，随着摩擦副的转动甩向外侧，到达外侧时润滑油温度已经比内侧高，因而润滑油对内侧的冷却效果比对外侧的冷却效果好。在理论模型中采用了扰动法，即假设在摩擦片和对偶钢片的接触界面间存在一个随时间的延长呈指数增长的余弦压力扰动，建立了可以求解的热弹性不稳定性系统矩阵；但是摩擦副在实际滑摩过程中，热点和冷点的温差（即温度扰动幅值）不会无限制地按照指数增长，因而热弹性不稳定性理论存在一定的应用范围，在应用范围内则热弹性不稳定性理论适用，若超过应用边界则热弹性不稳定性理论不适用。

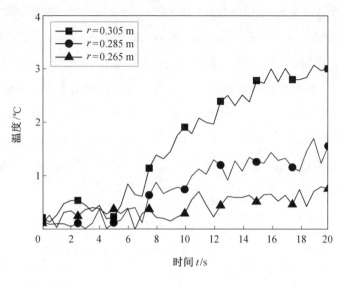

（a）测试曲线

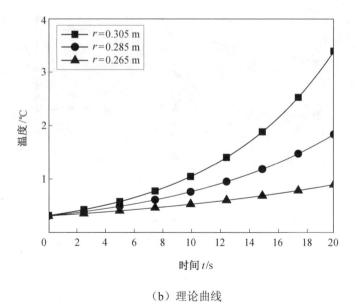

（b）理论曲线

图 6.7　相对转速为 15.3 r/min 时温度扰动幅值变化曲线

动力电机输出转速为 800 r/min、1 100 和 1 400 r/min 时，摩擦副滑摩转速分别为 27.3 r/min、39.3 r/min 和 51.3 r/min，摩擦副温度扰动幅值随时间的变化如图 6.8 所示。由图 6.8 可知，各转速下，温度扰动幅值的变化趋势相同，均是外侧温度扰动幅值增长较快，内侧温度扰动幅值增长较慢。此外，随着滑摩转速的增加，摩擦副外侧温度扰动幅值逐渐增大。内侧由于相对滑摩速度较小，扰动增长系数较小。滑摩结束时，外侧温度扰动幅值分别为 4.81 ℃、6.51 ℃、8.42 ℃，分别增大 1.7 ℃ 和 1.91 ℃，随着滑摩转速的增大，摩擦副温度扰动幅值增加的速度也增大，温度扰动更剧烈。

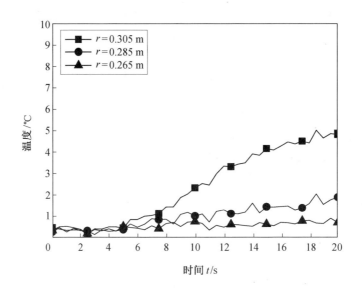

（a）相对转速为 27.3 r/min

图 6.8　不同滑摩转速下扰动温度变化测试曲线

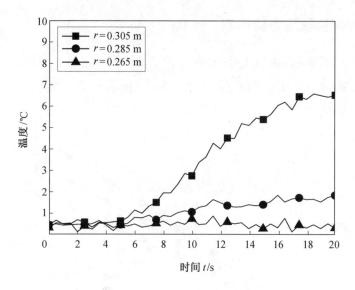

（b）相对转速为 39.3 r/min

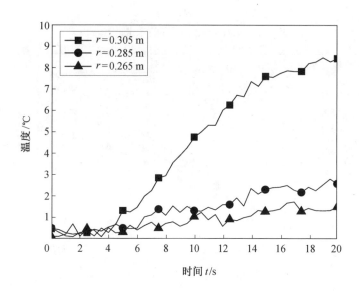

（c）相对转速为 51.3 r/min

续图 6.8

6.3.2　摩擦副接触压力的影响

将动力电机转速设为定值 1 450 r/min，控制油压力设定为 1.4 MPa，此时摩擦副接触压力为 0.36 MPa，摩擦副温度的变化如图 6.9 所示。

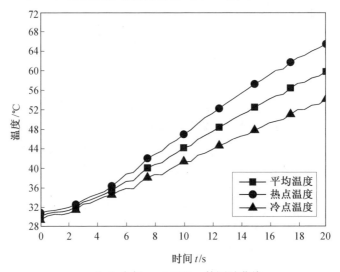

（a）半径 $r = 0.305$ m 的测试曲线

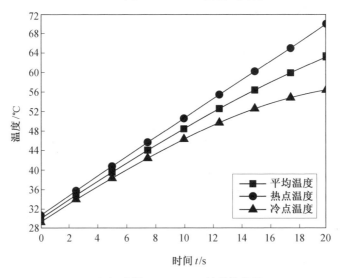

（b）半径 $r = 0.305$ m 的理论曲线

图 6.9　摩擦副接触压力为 0.36 MPa 时温度变化的测试曲线和理论曲线

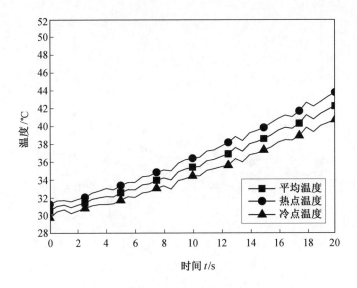

（c）半径 $r = 0.285$ m 的测试曲线

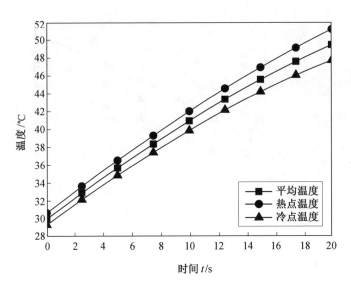

（d）半径 $r = 0.285$ m 的理论曲线

续图 6.9

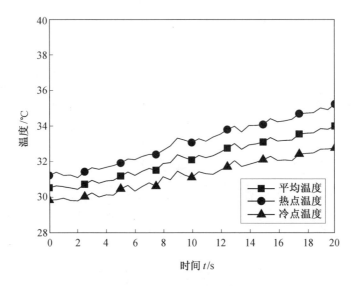

（e）半径 $r = 0.265$ m 的测试曲线

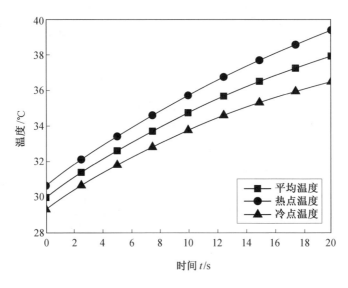

（f）半径 $r = 0.265$ m 的理论曲线

续图 6.9

由图 6.9 可知，试验测得的平均温度随着滑摩时间的延长近似线性上升，平均温度由内侧至外侧依次增加，半径为 0.265 m 处的平均温度最低，半径为 0.305 m 处的平均温度最高，滑摩结束时平均温度由外到内分别为 59.84 ℃、42.26 ℃和 34 ℃。理论曲线与测试曲线变化趋势基本吻合，但是理论模型得到的温度要比试验得到的温度大，滑摩结束时理论平均温度由外到内分别为 63.2 ℃、49.4 ℃和 37.93 ℃，理论温度比测试温度大 3.36 ℃、7.14 ℃、3.93 ℃。相差较大，这是由于温度传感器布置位置不在此工况下热点的最高温度处，所测得的最高温度小于理论最高温度。

动力电机转速为 1 450 r/min，摩擦副接触压力为 0.36 MPa 时，半径为 0.305 m、0.285 m、0.265 m 处的温度扰动幅值随时间变化的曲线如图 6.10（a）所示。由图 6.10（a）可知，半径越大，温度扰动幅值上升越快，这是由于半径越大，滑摩线速度越快，扰动增长率越大。滑摩时间在 5 s 之内，各半径之间温度差异不明显；滑摩时间超过 5 s 后，半径为 0.305 m 处的扰动温度增长速度明显加快，这是由于摩擦副热弹性不稳定性指数温升效应开始体现。图 6.10（b）为温度扰动幅值变化的理论曲线，半径为 0.265 m 和 0.285 m 处的扰动温度增加不大，半径为 0.305 m 处的指数温升效应明显，这与扰动温度测试曲线吻合性较好。在滑摩时间为 20 s 时，半径为 0.305 m 处的扰动温度测试值和理论值分别为 5.67 ℃和 6.79 ℃，这是由于温度传感器布置位置不在热点的最高温度处，所以测得的最大温差小于温度扰动幅值。

控制油压为 1.6 MPa、1.8 MPa 和 2 MPa 时的摩擦副接触压力分别为 0.45 MPa、0.54 MPa 和 0.63 MPa，3 种工况下摩擦副温度扰动幅值的变化如图 6.11 所示。由图 6.11 可知，各接触压力下温度扰动幅值的变化趋势相同，均是外侧温度扰动幅值增长较快，内侧温度扰动幅值增长较慢。随着摩擦副滑摩转速的增加，摩擦副外侧温度扰动幅值逐渐增大。内侧滑摩线速度（相对于外侧）较小，扰动增长系数较小，温度扰动幅值增长较慢。

值得注意的是，接触压力为 0.63 MPa 时，在滑摩后期，半径为 0.285 m 处的温度扰动幅值已与半径为 0.265 m 处的温度扰动幅值拉开差距；滑摩结束时，半径为 0.285 m 处的温度扰动幅值是半径为 0.265 m 处的温度扰动幅值的 5.3 倍，这说明半径为 0.285 m 时也进入了较明显的热弹性不稳定性状态。

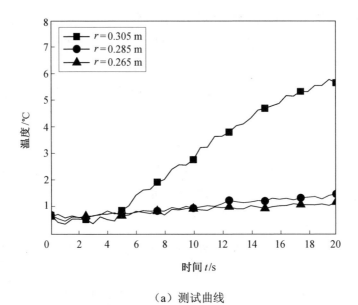

（a）测试曲线

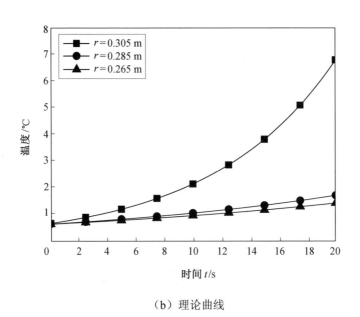

（b）理论曲线

图 6.10 摩擦副接触压力为 0.36 MPa 时温度扰动幅值变化曲线

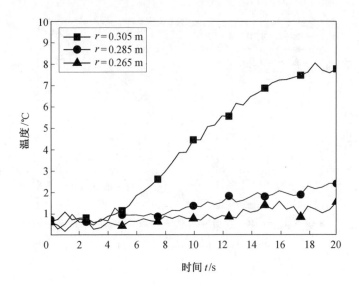

（a）接触压力为 0.45 MPa

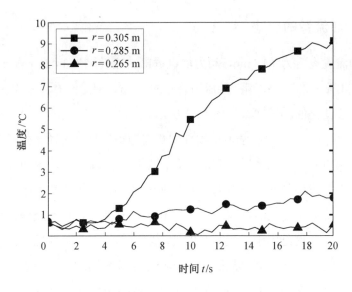

（b）接触压力为 0.54 MPa

图 6.11　不同相对转速下扰动温度变化测试曲线

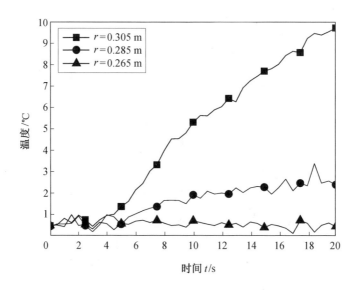

（c）接触压力为 0.63 MPa

续图 6.11

6.3.3　润滑油流量的影响

　　将润滑油流量设定为 1 L/min，动力电机输出转速设定为 1 450 r/min，控制油压力设定为 1.8 MPa，此时摩擦副接触压力为 0.54 MPa，相对滑摩转速为 54.3 r/min。摩擦副平均温度变化的测试曲线如图 6.12 所示。

　　由图 6.12 可知，平均温度基本呈线性增长的趋势，且沿内径至外径方向逐渐增大，各半径处热点和冷点温度随时间的延长逐渐偏离平均温度，说明扰动温度逐渐增大，这是由于摩擦副外侧线速度超过临界线速度，处于热弹性不稳定性状态，随着时间的延长，扰动温度逐渐增大。半径为 0.305 m 处，热点温度偏离平均温度最多，扰动温度最大，这是由于靠近外径的扰动增长率最大，温度扰动幅值的指数增长效应最大；相反，半径为 0.265 m 处，热点温度偏离平均温度最少，扰动温度最小，这是由于内径扰动增长率最小，温度扰动幅值的指数增长效应最小。

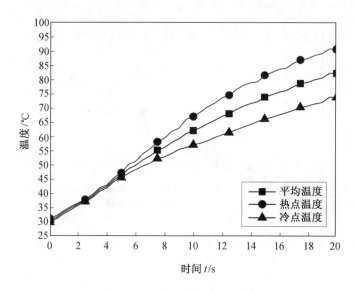

（a）半径 $r = 0.305$ m 的测试曲线

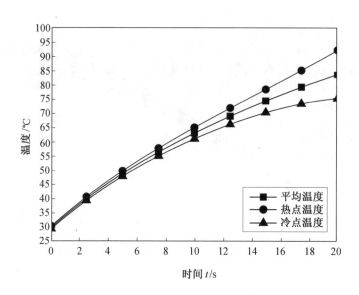

（b）半径 $r = 0.305$ m 的理论曲线

图 6.12　润滑油流量为 1 L/min 时摩擦副温度变化的测试曲线和理论曲线

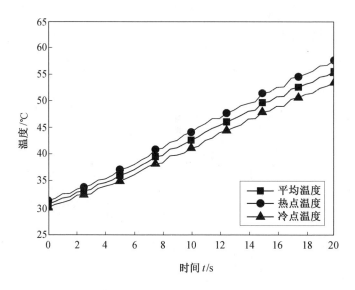

（c）半径 $r = 0.285$ m 的测试曲线

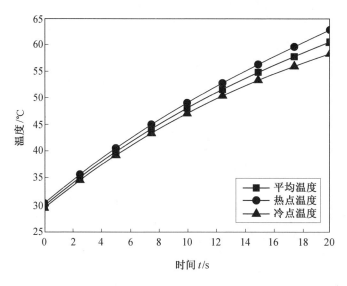

（d）半径 $r = 0.285$ m 的理论曲线

续图 6.12

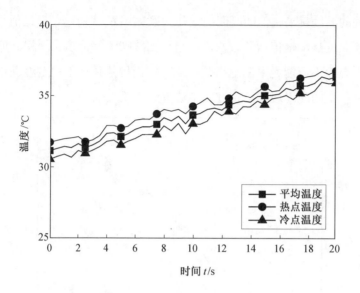

（e）半径 $r = 0.265$ m 的测试曲线

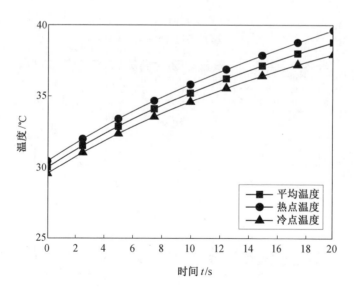

（f）半径 $r = 0.265$ m 的理论曲线

续图 6.12

各半径处的温度扰动幅值随时间的变化关系如图 6.13 所示，理论值与测试值吻合较好，外侧温度扰动幅值增长较快，而内侧温度扰动幅值增长缓慢。摩擦副实际工作过程中，温差不可能无限制地指数增长，因而用热弹性不稳定性理论进行温度预测时，存在一定的应用边界，超过应用边界时理论失效。

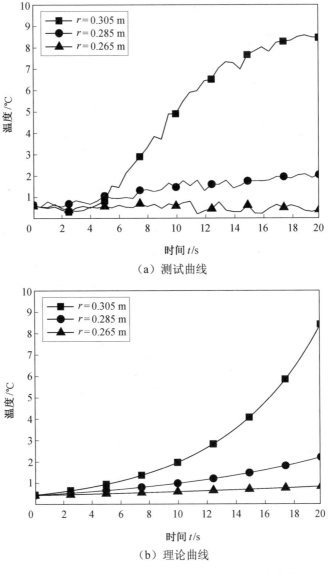

（a）测试曲线

（b）理论曲线

图 6.13　流量为 1 L/min 时温度扰动幅值变化曲线

润滑油流量分别为 8 L/min、16 L/min 和 24 L/min 时，扰动温度幅值测试曲线如图 6.14 所示。

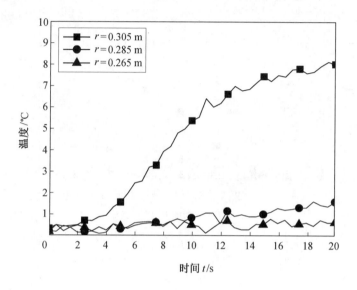

（a）流量为 8 L/min

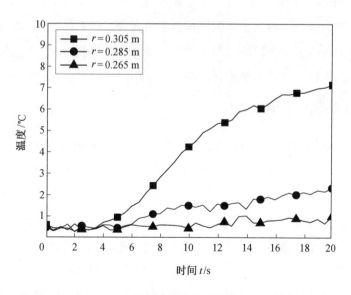

（b）流量为 16 L/min

图 6.14　不同润滑油流量下摩擦副平均温度变化测试曲线

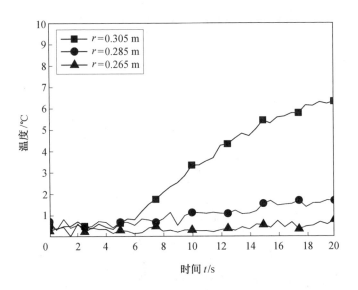

（c）流量为 24 L/min

续图 6.14

由图 6.14 可知，改变润滑油流量后，温度扰动幅值的变化趋势不变，均是外侧温度扰动幅值增长较快，内侧扰动温度增长幅值较慢。随着摩擦副润滑油流量的增加，润滑油带走的热量增多，冷却效果加大，摩擦副外侧温度扰动幅值逐渐减小。由于润滑油是由内径一侧进入摩擦副，冷却作用使得内侧温度扰动幅值变化不大。

6.3.4　变速滑摩温度场的变化

通过程序控制使摩擦副相对滑摩速度按照反 S 形曲线变化，测得半径为 0.285 m 处的热点、冷点、平均温度的变化如图 6.15 所示。3 条曲线的变化趋势相似，均是在初始时刻缓慢上升，随后快速上升到最大值，然后逐渐下降。温升阶段，3 条曲线上升速度由快到慢分别为热点、平均、冷点，原因是温升阶段摩擦副相对速度大于临界速度，扰动增长系数大于零，温度扰动越来越剧烈。滑摩后期，下降速度由快到慢分别为热点、平均、冷点，原因是滑摩速度降到临界速度以下，扰动增长系数小于零，温度扰动幅值越来越小。对比图 6.16 所示相同工况下的理论曲线，测试所得最高平均温度小于理论最高平均温度，且测试所得扰动温度也要小于理论扰动温度。

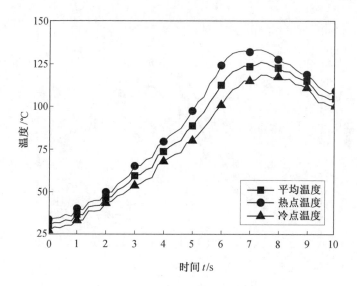

图 6.15　反 S 形变速滑摩温度测试曲线

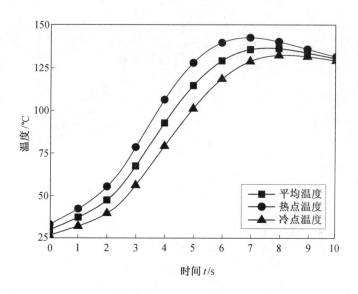

图 6.16　反 S 形变速滑摩温度理论曲线

　　反 S 形变速滑摩时间分别为 20 s、30 s 和 40 s 时，对偶钢片中径热点、冷点及平均温度随时间的变化如图 6.17 所示。

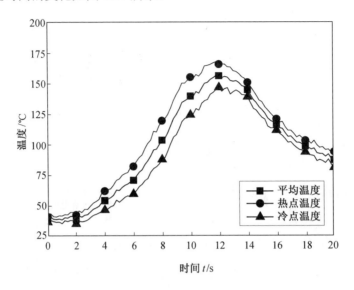

（a）变速滑摩时间为 20 s

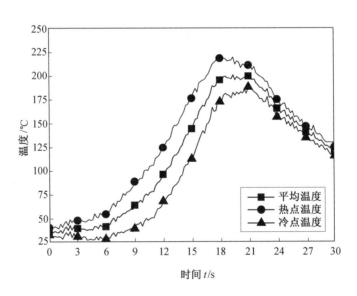

（b）变速滑摩时间为 30 s

图 6.17　不同反 S 形变速滑摩时间下摩擦副温度变化测试曲线

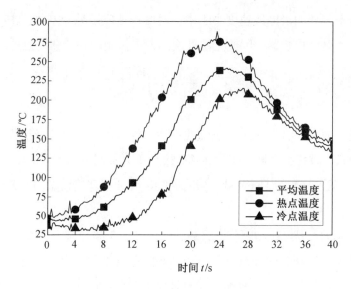

（c）变速滑摩时间为 40 s

续图 6.17

由图 6.17 可知，不同变速滑摩时间下，对偶钢片温度变化趋势相似，均是上升速度先快后慢，在达到最大值后又缓慢下降。滑摩时间不同，对偶钢片平均温度最大值不同，分别为 155.80 ℃、199.48 ℃和 238.58 ℃。反 S 形变速滑摩时间越长，摩擦副温度越高。此外，不同滑摩时间下，热点温度最大值分别为 167.15 ℃、219.01 ℃和 286.35 ℃，分别比各自的平均温度高 11.35 ℃、19.53 ℃和 47.77 ℃，并且热点最高温度比最高平均温度出现的时间分别提前 0.5 s、1.8 s、2.2 s，滑摩时间越长，温度扰动越剧烈。这是由于滑摩前期和中期，摩擦副相对速度大于临界速度，扰动增长系数大于零，温度扰动幅值随时间的延长而增大，并且反 S 形滑摩时间越长，扰动温度增长的指数效应越显著，因而温度扰动幅值越大，扰动越剧烈。由此可见，变速滑摩时间对摩擦副温度场及扰动温度有显著的影响。与第 4 章的理论结果相比，3 种工况下摩擦副平均温度上升速率都较小，热点最高温度比最高平均温度提前出现的时间也缩短，测试所得温差也没有理论计算值高，说明试验中的扰动温度比理论值小。产生这种现象的原因有以下两点：一方面，由于受试验装置及温度传感器的结构限制，温度传感器没有正好布置在摩擦副中径处，而是稍微偏向内径一侧，这导致传感器安装处的滑摩线速度小于中径滑摩线速度；另一方面，由于在周向方向只布置了2个温度传感器，因此无法准确测得摩擦副的热点和冷点处的温度。

6.4 本章小结

本章搭建了液黏离合器摩擦副热弹性不稳定性试验台，对滑摩过程中摩擦副的温度进行了测量，研究了摩擦副相对转速、接触压力及润滑油流量对温度场的影响，并分析了反S形变速滑摩时间对温度场的影响，验证了理论模型的有效性，得到如下结论：

（1）半径越大，温度扰动幅值上升越快，这是由于半径越大，滑摩线速度越快，扰动增长率越大。滑摩时间较短时各半径之间的温度差异不明显，滑摩超过一定时间后，较大半径处的扰动温度增长速度明显加快，这是由于摩擦副热弹性不稳定性指数温升效应开始体现。

（2）当摩擦副接触压力、相对转速和润滑油流量发生变化时，摩擦副平均温度随着滑摩时间的延长呈线性关系增长。随着接触压力和相对转速的增加，滑摩过程中的温升增大，扰动温度也逐渐增大。然而，随着流量的增加，摩擦副温度逐渐降低，扰动温度也逐渐减小。扰动温度随半径的增大而增大。

（3）反S形变速滑摩过程中摩擦副受到接触压力和相对转速的共同影响，热点、冷点、平均温度均是初始时刻缓慢上升，随后快速上升到最大值，然后逐渐下降。前期上升速度和后期下降速度均是热点最快，平均温度次之，冷点最慢。反S形变速滑摩时间越长，温度扰动越剧烈。测试值和理论值具有较好的吻合性，说明理论模型可以较大程度地反映实际温度场的变化规律，可有效运用于摩擦副热弹性不稳定性问题的研究。

第 7 章　结论与展望

7.1　主　要　结　论

液黏离合器摩擦副在工作过程中经常发生热失效，局部高温问题是摩擦副失效的主要原因之一，如何减轻摩擦副的局部高温问题是当今液黏离合器设计中的重要问题。热弹性不稳定性理论是研究局部高温问题的重要手段。本书系统研究了液黏离合器摩擦副的热弹性不稳定性，建立了考虑多层材料摩擦片厚度的热弹性不稳定性二维理论模型，提出了扰动增长系数与相对滑摩速度定量关系的确定方法，获得了摩擦副表面扰动压力场及扰动温度场的动态分布规律，探明了变速滑摩过程中的摩擦副瞬态压力场及温度场，最后对摩擦副的热弹性不稳定性进行了试验研究。研究结果为液黏离合器摩擦副的设计奠定了理论基础，为改善液黏离合器的工作性能、提高可靠性及延长使用寿命提供了参考依据和技术支持。通过上述研究，得到如下主要结论。

（1）摩擦副热弹性不稳定性理论研究。临界速度与扰动频率及中心片、摩擦材料、对偶钢片的厚度相关。当对偶钢片厚度与初始扰动波长的比例为特定值时，临界速度最小，摩擦副此时稳定性最差。摩擦片对称-钢片反对称模态下的临界速度小于其余模态下的临界速度，定义其为热弹性不稳定性主模态。扰动相对于对偶钢片迁移速度较低，Peclet 数较小，对偶钢片出现局部高温区的可能性较大。

（2）摩擦副表面扰动场动态分布特性研究。在热弹性失稳区域内，最低临界速度的扰动增长系数最大，临界扰动频率为系统的主特征扰动。若不同扰动频率具有相同的临界速度，扰动频率较高时系统更不稳定。摩擦副外侧相比于内侧更容易进入热弹性不稳定状态，也可能出现内侧失稳外侧稳定的特殊情况，此时扰动幅值增长较慢。扰动场相对于摩擦片转动很快，相对于对偶钢片转动极慢，二者方向相反。扰动幅值随着滑摩时间的延长呈指数增长，随着初始扰动幅值的增加呈线性增长。

（3）液黏离合器变速滑摩过程瞬态热弹性不稳定性研究。当液黏离合器摩擦副呈反 S 形曲线变化时，摩擦副平均接触压力随时间变化趋势近似 S 形曲线，扰动增长系数近似反 S 形曲线，滑摩末期摩擦副进入蠕行状态。热点扰动压力与扰动温度随时间变化趋势近似反抛物线形。对偶钢片平均温度先上升后下降，近似 S 形曲线，摩擦片平均温度单调上升，摩擦片最高平均温度约为对偶钢片最高平均温度的一半。热点总温度变化比冷点总温度变化更剧烈。

（4）磨损规律对摩擦副热弹性不稳定性的影响。在有限元法求解过程中得到了二次多项式特征值问题，这与传统有限元方法得到的一次特征值问题不同。当摩擦副材料参数在常用值范围内时，临界速度随导热系数比的增大而增大，随摩擦材料磨损率的增加而减小。当摩擦材料厚度大于 2 mm 时，摩擦材料磨损率的增大会促进热弹性不稳定性，反之，会抑制热弹性不稳定性。随着钢材料厚度的增加，首先出现"最劣厚度"，随后达到"局部最优厚度"，这是钢材料内部温度梯度、热弹性应力及热容量竞争性作用的结果。

7.2 创 新 点

（1）综合考虑多层材料摩擦片厚度和多种热弹性变形模态，提出了热弹性不稳定性解析模型改进方法。针对液黏离合器摩擦副，考虑中心片及摩擦材料厚度，建立了周向非均匀温度场、热流密度、热弹性应力等物理量相互耦合作用的摩擦副热弹性不稳定性模型，得到了 4 种变形模态下的热弹性不稳定性系统矩阵，确定了系统的主模态及临界速度。

（2）针对液黏离合器长时间变速滑摩工况，揭示了摩擦副瞬态热弹性不稳定性变化规律。提出了摩擦副扰动增长系数的径向分布求解方法，探明了相对转速和热点个数对扰动增长系数的影响规律，得到了滑摩表面扰动压力场和非均匀温度场的动态分布特性，针对液黏离合器变速滑摩过程揭示了热点瞬态压力与温度的变化规律。

（3）探明了磨损规律对摩擦副热弹性不稳定性的影响，实现了摩擦副厚度的最优设计。建立了预测磨损对热弹性不稳定性影响的有限元模型，分别得到了绝热摩擦材料和相同滑摩材料等极限情况下的临界速度公式，探明了磨损率与摩擦副厚度对临界速度的综合影响规律，确定了液黏离合器钢材料的最劣厚度与局部最优厚度。

7.3　工作展望

应用热弹性不稳定性理论对液黏离合器摩擦副的局部高温问题进行了一些研究，虽然研究取得了一定的成果，但是仍然有一些后续工作需要开展。

（1）二维理论模型将方程组扩展为 10 阶超越方程组，求解已极为烦琐。润滑油的热力学性能复杂，难以使用理论方法求解其对热弹性不稳定性的影响。因此，目前学界通行的做法还是通过试验来测量润滑油的影响，下一步工作中可以建立润滑油层与多层材料的热弹性不稳定性理论模型。

（2）由于试验条件的限制，无法方便地更换试验包厢中的摩擦副，因而很难通过改变摩擦副厚度的方式来验证材料厚度对热弹性不稳定性的影响，下一步工作中可以设计制造方便更换摩擦副的试验包厢，以验证摩擦副厚度的影响。

（3）试验研究中，热电偶传感器安装方式受到结构限制，且存在一定的响应时间，因而测量结果有误差。下一步工作中可以采用红外测温等方法，力求更加准确地还原液黏离合器工作过程中的实际瞬态温度场变化情况。

参考文献

[1] HONG H，KIM M，LEE H，et al. A study on an analysis model for the thermo-mechanical behavior of a solid disc brake for rapid transit railway vehicles[J]. Journal of Mechanical Science and Technology，2018，32(7)：3223-3231.

[2] HAN M J，LEE C H，PARK T W，et al. Low and high cycle fatigue of automotive brake discs using coupled thermo-mechanical finite element analysis under thermal loading[J]. Journal of Mechanical Science and Technology，2018，32(12)：5777-5784.

[3] GKINIS T，RAHMANI R，RAHNEJAT H，et al. Heat generation and transfer in automotive dry clutch engagement[J]. J Zhejiang Univ Science A，2018，19(3)：175-188.

[4] CHEN Z，YI Y B，BAO K. Prediction of thermally induced postbuckling of clutch disks using the finite element method[J]. Proceedings of the Institution of Mechanical Engineers, Part J: Journal of Engineering Tribology，2021，235(2)：303-314.

[5] YU L，MA B，CHEN M，et al. Experimental study on the friction stability of paper-based clutches concerning groove patterns[J]. Industrial Lubrication and Tribology，2019，72(4)：541-548.

[6] YU L，MA B，CHEN M，et al. Numerical and experimental studies on the characteristics of friction torque based on wet paper-based clutches[J]. Tribology International，2019，131：541-553.

[7] 李明阳. 换挡离合器摩擦元件滑摩过程屈曲变形研究[D]. 北京：北京理工大学，2017.

[8] 熊涔博，马彪，李和言，等. 多片离合器恒定及稳态热流分配系数计算方法[J]. 华中科技大学学报(自然科学版)，2017，45(3)：35-39.

[9] 赵二辉，马彪，李和言，等. 孔隙度对湿式离合器局部润滑及摩擦特性影响研究 [J]. 摩擦学学报，2017，37(3)：325-332.

[10] ZHAO E H，MA B，LI H Y. The tribological characteristics of Cu-based friction pairs in a wet multidisk clutch under nonuniform contact[J]. ASME Journal of Tribology，2018，140(1)：011401.

[11] 李和言，王宇森，熊泺博，等. 离合器配对摩擦副径向温度梯度对接触比压的影响[J]. 机械工程学报，2018，54(1)：136-143.

[12] 王其良. 液黏离合器软启动瞬态热机耦合特性及热屈曲变形规律研究[D]. 太原：太原理工大学，2019.

[13] WANG Q L，WANG J M，CUI H W，et al. Numerical investigation into thermal buckling of friction pairs in hydro-viscous drive under nonlinear radial temperature distribution[J]. Proceedings of the Institution of Mechanical Engineers, Part J: Journal of Engineering Tribology,2022，236(6)：1081-1090.

[14] BAGHERI H，KIANI Y，ESLAMI M R. Asymmetric thermo-inertial buckling of annular plates[J]. Acta Mechanica，2017，228(4)：1493-1509.

[15] YI Y B，GE W C，GONG Y B. Finite element analysis of thermal buckling characteristics of automotive 430 dry clutch pressure plate[J]. International Journal of Vehicle Design，2018，78(1/2/3/4)：108.

[16] 李明阳，马彪，李和言，等. 径向热应力对离合器摩擦对偶钢片变形的影响[J]. 吉林大学学报(工学版)，2018，48(1)：83-88.

[17] YU L，MA B，CHEN M，et al. Investigation on the thermodynamic characteristics of the deformed separate plate in a multi-disc clutch[J]. Engineering Failure Analysis，2020，110：104385.

[18] YU L，MA B，CHEN M，et al. Variation mechanism of the friction torque in a Cu-based wet clutch affected by operating parameters[J]. Tribology International，2020，147：106169.

[19] ZHAO J X，CHEN Z，YANG H Z，et al. Finite element analysis of thermal buckling

in automotive clutch plates[J]. Journal of Thermal Stresses，2016，39(1)：77-89.

[20] 魏宸官赵家象. 液体粘性传动技术[M]. 北京：国防工业出版社，1996.

[21] 陈宁. 液体粘性传动(HVD)技术的研究[D]. 杭州：浙江大学，2003.

[22] 廖玲玲. 流体油膜剪切传动理论及实验研究[D]. 杭州：浙江大学，2006.

[23] 孟庆睿. 液体粘性传动调速起动及其控制技术研究[D]. 徐州：中国矿业大学，
2008.

[24] 谢方伟. 温度场及变形界面对液粘传动特性影响规律的研究[D]. 徐州：中国矿
业大学，2010.

[25] 黄家海. 液粘调速离合器流体剪切传动机理研究[D]. 杭州：浙江大学，2011.

[26] 崔红伟. 液黏调速离合器摩擦副转矩特性研究[D]. 北京：北京理工大学，2014.

[27] 廖湘平，龚国芳，孙辰晨，等. 基于 AMESim 的液粘调速离合器动态接合特性
研究[J]. 农业机械学报，2016，47(6)：324-332.

[28] 廖湘平，龚国芳，彭雄斌，等. 基于黏性耦合机理的 TBM 刀盘脱困特性[J]. 浙
江大学学报(工学版)，2016，50(5)：902-912.

[29] PATIR N，CHENG H S. An average flow model for determining effects of
three-dimensional roughness on partial hydrodynamic lubrication[J]. Journal of
Lubrication Technology，1978，100(1)：12-17.

[30] PATIR N，CHENG H S. Application of average flow model to lubrication between
rough sliding surfaces[J]. Journal of Lubrication Technology，1979，101(2)：220-229.

[31] GREENWOOD J A，TRIPP J H. The elastic contact of rough spheres[J]. Journal of
Applied Mechanics，1967，34(1)：153-159.

[32] SEPEHRI A，FARHANG K. A finite element-based elastic-plastic model for the
contact of rough surfaces[J]. Tribology Transactions，2011，2011：16.

[33] 葛世荣，朱华. 摩擦学的分形[M]. 北京：机械工业出版社，2005.

[34] 洪跃. 液体粘性调速离合器工作机理研究与模糊控制器试制[D]. 上海：上海大
学，2005.

[35] IQBAL S，AL-BENDER F，OMPUSUNGGU A P，et al. Modeling and analysis of

wet friction clutch engagement dynamics[J]. Mechanical Systems and Signal Processing，2015，60/61：420-436.

[36] MARKLUND P，MÄKI R，LARSSON R，et al. Thermal influence on torque transfer of wet clutches in limited slip differential applications[J]. Tribology International，2007，40(5)：876-884.

[37] MARKLUND P，LARSSON R. Wet clutch friction characteristics obtained from simplified pin on disc test[J]. Tribology International，2008，41(9/10)：824-830.

[38] BERGER E J，SADEGHI F，KROUSGRILL C M. Torque transmission characteristics of automatic transmission wet clutches：experimental results and numerical comparison[J]. Tribology Transactions,1997，40(4)：539-548.

[39] WU W，XIONG Z，HU J B，et al. Application of CFD to model oil–air flow in a grooved two-disc system[J]. International Journal of Heat and Mass Transfer，2015，91：293-301.

[40] 马立刚，项昌乐，杜明刚，等. 不同摩擦材料液黏离合器特性研究[J]. 机械传动，2016，40(1)：27-31，35.

[41] ZHOU M S，ZHANG Y. Theoretical research on hydroviscous speed-adjusting clutch in soft-start of belt conveyor[J]. J Coal Sci & Eng China，2005，11(1)：79-82.

[42] LARSSON R. Modelling the effect of surface roughness on lubrication in all regimes[J]. Tribology International，2009，42(4)：512-516.

[43] CUI J Z，XIE F W，WANG C T，et al. Dynamic transmission characteristics during soft-start of hydro-viscous drive considering fluid-inertia item[J]. Tribology Online，2015，10(1)：35-47.

[44] 阎清东，宿新东. 湿式多片制动器摩擦衬片初始压力分布研究[J]. 北京理工大学学报，2000，20(1)：42-46.

[45] 张志刚. 关于湿式离合器几个工作特性研究[D]. 杭州：浙江大学，2010.

[46] 马彪，李国强，李和言，等. 基于改进平均流量模型的离合器接合特性仿真[J]. 吉林大学学报(工学版)，2014，44(6)：1557-1563.

[47] 祁媛. 多盘制动器接触性能分析及试验研究[D]. 锦州：辽宁工业大学，2015.

[48] PANIER S，DUFRÉNOY P，BRUNEL J F，et al. Progressive waviness distortion：a new approach of hot spotting in disc brakes[J]. Journal of Thermal Stresses，2004，28(1)：47-62.

[49] SOOM A，KIM C. Interactions between dynamic normal and frictional forces during unlubricated sliding[J]. J Lubr Technol，1983，105(2)：221-229.

[50] BERGER E J，KROUSGRILL C M，SADEGHI F. Stability of sliding in a system excited by a rough moving surface[J]. Journal of Tribology，1997，119(4)：672-680.

[51] DAVIS C L，SADEGHI F，KROUSGRILL C M. A simplified approach to modeling thermal effects in wet clutch engagement：analytical and experimental comparison[J]. Journal of Tribologyl，2000，122(1)：110-118.

[52] APHALE C R，CHO J，SCHULTZ W W，et al. Modeling and parametric study of torque in open clutch plates[J]. Journal of Tribology，2006，128(2)：422-430.

[53] RAZZAQUE M M，KATO T. Squeezing of a porous faced rotating annular disk over a grooved annular disk[J]. Tribology Transactions，2001，44(1)：97-103.

[54] JANG J Y，KHONSARI M M，MAKI R. Three-dimensional thermohydrodynamic analysis of a wet clutch with consideration of grooved friction surfaces[J]. Journal of Tribology，2011，133(1)：1.

[55] XIE F W，WU D C，TONG Y W，et al. Effects of structural parameters of oil groove on transmission characteristics of hydro-viscous clutch based on viscosity-temperature property of oil film[J]. Industrial Lubrication and Tribology，2017，69(5)：690-700.

[56] LI M，KHONSARI M M，MCCARTHY D，et al. Parametric analysis of wear factors of a wet clutch friction material with different groove patterns[J]. Proceedings of the Institution of Mechanical Engineers, Part J: Journal of Engineering Tribology，2017，231(8)：1056-1067.

[57] 袁跃兰，张凤莲，马彪. 湿式离合器摩擦片分离起始阶段油膜承载能力仿真研

究[J]. 机械传动，2017，41(9)：25-29，35.

[58] 崔红伟，姚寿文，邓元元. 液黏传动双圆弧油槽摩擦副油膜剪切转矩研究[J]. 重庆大学学报(自然科学版)，2016，39(5)：1-9.

[59] BARBER J R. The influence of thermal expansion on the friction and wear process [J]. Wear，1967，10(2)：155-159.

[60] DOW T A，BURTON R A. Thermoelastic instability of sliding contact in the absence of wear[J]. Wear，1972，19(3)：315-328.

[61] BURTON R A，NERLIKAR V，KILAPARTI S R. Thermoelastic instability in a seal-like configuration[J]. Wear，1973，24(2)：177-188.

[62] BURTON R A，NERLIKAR V. Effect of initial surface curvature on frictionally excited thermoelastic phenomena[J]. Wear，1974，27(2)：195-207.

[63] LEE K，BARBER J R. Frictionally excited thermoelastic instability in automotive disk brakes[J]. Journal of Tribology，1993，115(4)：607-614.

[64] LEE K，BARBER J R. The effect of shear tractions on frictionally-excited thermoelastic instability[J]. Wear，1993，160(2)：237-242.

[65] RUIZ AYALA J R，LEE K，RAHMAN M，et al. Effect of intermittent contact on the stability of thermoelastic sliding contact[J]. Journal of Tribology，1996，118(1)：102-108.

[66] JOACHIM-AJAO D，BARBER J R. Effect of material properties in certain thermoelastic contact problems[J]. Journal of Applied Mechanics，1998，65(4)：889-893.

[67] HARTSOCK D L，FASH J W. Effect of pad/caliper stiffness，pad thickness，and pad length on thermoelastic instability in disk brakes[J]. Journal of Tribology，2000，122(3)：511-518.

[68] DECUZZI P，CIAVERELLA M，MONNO G. Frictionally excited thermoelastic instability in multi-disk clutches and brakes[J]. Journal of Tribology，2001，123(4)：865-871.

[69] VOLDŘICH J. Frictionally excited thermoelastic instability in disc brakes—transient problem in the full contact regime[J]. International Journal of Mechanical Sciences，

2007，49(2)：129-137.

[70] 赵家昕，马彪，李和言，等. 车辆离合器局部高温区成因及影响因素理论研究[J]. 北京理工大学学报，2013，33(12)：1234-1238.

[71] 赵家昕. 换挡离合器接合过程热弹性不稳定性研究[D]. 北京：北京理工大学，2014.

[72] JANG J Y，KHONSARI M M. Thermoelastic instability with consideration of surface roughness and hydrodynamic lubrication[J]. Journal of Tribology，2000，122(4)：725-732.

[73] JANG J Y，KHONSARI M M. On the formation of hot spots in wet clutch systems[J]. Journal of Tribology，2002，124(2)：336-345.

[74] JANG J Y，KHONSARI M M. A generalized thermoelastic instability analysis[J]. Proceedings of the Royal Society A: Mathematical, Physical and Engineering Sciences，2003，459(2030)：309-329.

[75] DAVIS C L. Influences of friction-induced thermal phenomena and macroscopic surface features on the stability of a thin disk subjected to sliding contact[D]. Purdue University, 2002.

[76] ZHAO J X，MA B，LI H Y，et al. The effect of lubrication film thickness on thermoelastic instability under fluid lubricating condition[J]. Wear，2013，303(1/2)：146-153.

[77] ZHAO J X，YI Y B，LI H Y. Effects of frictional material properties on thermoelastic instability deformation modes[J]. Proceedings of the Institution of Mechanical Engineers, Part J: Journal of Engineering Tribology，2015，229(10)：1239-1246.

[78] LEE S W，JANG Y H. Frictionally excited thermoelastic instability in a thin layer of functionally graded material sliding between two half-planes[J]. Wear，2009，267(9/10)：1715-1722.

[79] PAPANGELO A，CIAVARELLA M. The effect of wear on ThermoElastic Instabilities (TEI) in bimaterial interfaces[J]. Tribology International，2020，142：

105977.

[80] PAPANGELO A，CIAVARELLA M. Can wear completely suppress thermoelastic instabilities?[J]. Journal of Tribology - Transactions of the ASME，2020，142(5)：051501.

[81] YI Y B，BARBER J R，ZAGRODZKI P. Eigenvalue solution of thermoelastic instability problems using Fourier reduction[J]. Proceedings of the Royal Society，2000，456(2003)：2799-2821.

[82] CHOI J H，LEE I. Finite element analysis of transient thermoelastic behaviors in disk brakes[J]. Wear，2004，257(1/2)：47-58.

[83] YI Y B，DU S Q，BARBER J R，et al. Effect of geometry on thermoelastic instability in disk brakes and clutches[J]. Journal of Tribology，1999，121(4)：661-666.

[84] DU S Q，ZAGRODZKI P，BARBER J A，et al. Finite element analysis of frictionally excited thermoelastic instability[J]. Journal of Thermal Stresses，1997，20(2)：185-201.

[85] ZAGRODZKI P. Thermoelastic instability in friction clutches and brakes–Transient modal analysis revealing mechanisms of excitation of unstable modes[J]. International Journal of Solids and Structures，2009，46(11/12)：2463-2476.

[86] KENNEDY F E Jr，LING F F. A thermal，thermoelastic，and wear simulation of a high-energy sliding contact problem[J]. Journal of Lubrication Technology，1974，96(3)：497-505.

[87] AZARKHIN A，BARBER J R. Transient thermoelastic contact problem of two sliding half-planes[J]. Wear，1985，102(1/2)：0043164885900869.

[88] AZARKHIN A，BARBER J R. Thermoplastic instability for the transient contact problem of two sliding half-planes[J]. Journal of Applied Mechanics，1986，53(3)：565-572.

[89] BARBER J R，BEAMOND T W，WARING J R，et al. Implications of thermoelastic instability for the design of brakes[J]. Journal of Tribology，1985，107(2)：206-210.

[90] DAY A J. An analysis of speed, temperature, and performance characteristics of automotive drum brakes[J]. Journal of Tribology, 1988, 110(2): 298-303.

[91] YI Y B. Finite element analysis of thermoelastodynamic instability involving frictional heating[J]. Journal of Tribology, 2006, 128(4): 718-724.

[92] ZAGRODZKI P, LAM K B, AL BAHKALI E, et al. Nonlinear transient behavior of a sliding system with frictionally excited thermoelastic instability[J]. Journal of Tribology, 2001, 123(4): 699-708.

[93] AHN S H, JANG Y H. Frictionally excited thermo-elastoplastic instability[J]. Tribology International, 2010, 43(4): 779-784.

[94] HWANG P, WU X. Investigation of temperature and thermal stress in ventilated disc brake based on 3D thermo-mechanical coupling model[J]. Journal of Mechanical Science and Technology, 2010, 24(1): 81-84.

[95] CHO C, AHN S. Transient thermoelastic analysis of disk brake using the fast Fourier transform and finite element method[J]. Journal of Thermal Stresses, 2002, 25(3): 215-243.

[96] SONG B C, LEE K H. Structural optimization of a circumferential friction disk brake with consideration of thermoelastic instability[J]. International Journal of Automotive Technology, 2009, 10(3): 321-328.

[97] ZAGRODZKI P. Numerical analysis of temperature fields and thermal stresses in the friction discs of a multidisc wet clutch[J]. Wear, 1985, 101(3): 255-271.

[98] ZAGRODZKI P, ZHAO W P. Thermoelastic instability in an automatic transmission clutch with a "finger" piston[C]//World Tribology Congress III, Volume 2. September 12-16, 2005. Washington, D. C. , USA. ASMEDC, 2005.

[99] ZAGRODZKI P, TRUNCONE S A. Generation of hot spots in a wet multidisk clutch during short-term engagement[J]. Wear, 2003, 254(5/6): 474-491.

[100] ZAGRODZKI P. Analysis of thermomechanical phenomena in multidisc clutches and brakes[J]. Wear, 1990, 140(2): 291-308.

[101] MARKLUND P，LARSSON R. Wet clutch under limited slip conditions - simplified testing and simulation[J]. Proceedings of the Institution of Mechanical Engineers，Part J：Journal of Engineering Tribology，2007，221(5)：545-551.

[102] JOHANSSON L. Model and numerical algorithm for sliding contact between two elastic half-planes with frictional heat generation and wear[J]. Wear, 1993, 160(1)：77-93.

[103] ZHAO J X，MA B，LI H Y. Investigation of thermoelastic instabilities of wet clutches[C]//2013 IEEE International Symposium on Assembly and Manufacturing (ISAM). Xi'an，China. IEEE，2013：69-72.

[104] MANSOURI M，KHONSARI M M，HOLGERSON M H，et al. Application of analysis of variance to wet clutch engagement[J]. Proceedings of the Institution of Mechanical Engineers，Part J: Journal of Engineering Tribology，2002，216(3)：117-125.

[105] BERGER E J，SADEGHI F，KROUSGRILL C M. Finite element modeling of engagement of rough and grooved wet clutches[J]. Journal of Tribology，1996，118(1)：137-146.

[106] MANSOURI M，HOLGERSON M，KHONSARI M M，et al. Thermal and dynamic characterization of wet clutch engagement with provision for drive torque[J]. Journal of Tribology，2001，123(2)：313-323.

[107] QIAO Y J，CIAVARELLA M，YI Y B，et al. Effect of wear on frictionally excited thermoelastic instability：a finite element approach[J]. Journal of Thermal Stresses，2020，43(12)：1564-1576.

[108] QIAO Y J，YI Y B，WANG T，et al. Effect of wear on thermoelastic instability involving friction pair thickness in automotive clutches[J]. J Tribol，2022，144(4)：041202.

[109] FEC M C，SEHITOGLU H. Thermal-mechanical damage in railroad wheels due to hot spotting[J]. Wear，1985，102(1/2)：31-42.

[110] ANDERSON A E，KNAPP R A. Hot spotting in automotive friction systems[J]. Wear，1990，135(2)：319-337.

[111] INGRAM M，REDDYHOFF T，SPIKES H A. Thermal behaviour of a slipping wet clutch contact[J]. Tribology Letters，2011，41(1)：23-32.

[112] CRISTOL-BULTHÉ A L，DESPLANQUES Y，DEGALLAIX G. Coupling between friction physical mechanisms and transient thermal phenomena involved in pad–disc contact during railway braking[J]. Wear，2007，263(7/8/9/10/11/12)：1230-1242.

[113] LEE K，BARBER J R. An experimental investigation of frictionally-excited thermoelastic instability in automotive disk brakes under a drag brake application[J]. Journal of Tribology，1994，116(3)：409-414.

[114] LEE K，DINWIDDIE R B. Conditions of frictional contact in disk brakes and their effects on brake judder[C]//SAE Technical Paper Series. 400 Commonwealth Drive，Warrendale，PA，United States：SAE International，1998，107(6)：1077-1086.

[115] LEE K，BROOKS F W Jr. Hot spotting and judder phenomena in aluminum drum brakes[J]. Journal of Tribology，2003，125(1)：44-51.

[116] ZHAO W P，ZAGRODZKI P. Study of wet friction material test under severe thermal and mechanical loading（"bump test"）[J]. Journal of Tribology，2001，123(1)：224-229.

[117] PANIER S，DUFRÉNOY P，WEICHERT D. An experimental investigation of hot spots in railway disc brakes[J]. Wear，2004，256(7/8)：764-773.

[118] MAJCHERCZAK D，DUFRENOY P，BERTHIER Y. Tribological，thermal and mechanical coupling aspects of the dry sliding contact[J]. Tribology International，2007，40(5)：834-843.

[119] KASEM H，BRUNEL J F，DUFRÉNOY P，et al. Thermal levels and subsurface damage induced by the occurrence of hot spots during high-energy braking[J]. Wear，2011，270(5/6)：355-364.

[120] HONNER M，ŠROUB J，ŠVANTNER M，et al. Frictionally excited thermoelastic instability and the suppression of its exponential rise in disc brakes[J]. Journal of Thermal Stresses，2010，33(5)：427-440.

[121] 赵家昕，马彪，李和言，等. 湿式离合器接合过程中的热弹性稳定性[J]. 吉林大学学报(工学版)，2015，45(1)：22-28.

名 词 索 引